Edizioni PensareDiverso

Cenacolo Jung Pauli

CENACOLO
JUNG PAULI

Bruno Del Medico

Adakah ini berlaku kepada anda juga?

Kebetulan aneh, firasat, telepati, mimpi kenabian.
Keterikatan kuantum dan sinkronisitas Carl Jung menjelaskan fakta misteri ini.

Bruno Del Medico Editore
Edizioni PensareDiverso
edizioni@delmedico.it

Indeks buku ini.

Pengenalan kepada teks.

Umat manusia telah memahami sejak perkembangan pertama kesedaran bahawa beberapa fakta penting bukan disebabkan oleh kebetulan. Fakta yang tidak dapat dijelaskan adalah isyarat yang melaluinya tahap yang lebih tinggi, falsafah atau ketuhanan, cuba berkomunikasi dengan hati nurani manusia.

Malangnya, kepercayaan ini telah dilenyapkan oleh sains materialistik sejak tiga abad yang lalu. Tetapi pada tahun 1980, eksperimen fizik kuantum menunjukkan bahawa terdapat juga alam semesta lain, alam semesta psikik.

Dalam dimensi baharu ini, tenaga dan maklumat tidak mempunyai had ruang atau masa.

Fizik kuantum mengesahkan banyak pandangan purba. Sebagai contoh, konsep "Jiwa Dunia" yang dihuraikan oleh ahli falsafah Yunani Plato, serta teori "Collective Unconscious" yang dihuraikan oleh Carl Gustav Jung.

Buku ini mengelakkan formula saintifik dan teknikal serta mengiringi pembaca dalam memahami banyak peringkat yang membentuk satu realiti. Sebenarnya, selain tahap fizikal yang kita tahu, banyak lagi yang lain. Sebagai contoh, terdapat tahap "quanta", iaitu tahap zarah asas, di mana fenomena yang dianggap mustahil oleh sains materialis berlaku. Dalam alam zarah asas kita dapati tahap "bukan setempat", di mana masa dan ruang tidak lagi wujud.

Dalam laluan pengetahuan ini, walaupun manifestasi ekstrasensori, seperti telepati dan penglihatan tentang apa yang akan berlaku pada masa hadapan, menjadi bahagian penting dalam realiti yang mengejutkan.

Kebetulan yang tidak penting dan
"peristiwa penting".

Kebetulan terdiri daripada dua fakta atau peristiwa yang dihubungkan bersama untuk menentukan urutan yang logik. Kebetulan boleh disengajakan, dirancang, atau disebabkan oleh keadaan yang tidak diingini. Contoh klasik sambungan yang diingini dan diprogramkan ialah yang telah ditetapkan oleh talian pengangkutan jalan; berdasarkan jadual waktu tertentu, ketibaan satu kenderaan diikuti dengan perlepasan kenderaan yang lain. Tiada yang lebih biasa. Kemudian ada kebetulan, yang berlaku apabila ia tidak dirancang. Sebagai contoh, saya pergi ke pasar raya, pergi ke kaunter deli dan tempahan saya mempunyai nombor 64. Kemudian saya pergi ke kedai roti dan di sini juga tempahan mempunyai nombor 64. Semuanya sangat biasa; kebetulan boleh menjadi ingin tahu jika, keluar, saya terpaksa menaiki bas 64, di mana saya akan bertemu seorang rakan yang berumur 64 tahun pada hari itu juga. Jika kemudian, selepas merumuskan ucapan selamat saya, turun dari bas, saya berhenti di gerai surat khabar di Via Roma 64, untuk membeli nombor 64 majalah kegemaran saya, saya mungkin mula tertanya-tanya jika tidak ada sesuatu yang pelik dalam mengulang nombor itu. 64.

Sebenarnya, urutan sedemikian berlaku dengan frekuensi tertentu, tetapi kita tidak menyedarinya, kerana kita sibuk memikirkan perkara lain. Oleh itu, kebetulan ini dikaitkan dengan nombor atau seumpamanya, walaupun pelik, terlepas dari kita dan tidak memperoleh makna bagi kita, iaitu, ia tidak menjadi penting.

Kebetulan ini boleh menjadi penting jika kita menyedari pengulangan nombor dan mula bekerja dengan otak bertanya kepada diri sendiri apa makna semua ini.

Kes pelik gambar lama..

Giovanna B. mula bosan. Petang Ahad itu, kerana terseliuh sedikit, dia terpaksa tinggal di rumah. Selepas membaca semua buku, dan melihat sia-sia di TV untuk rancangan yang menarik, dia memutuskan untuk melakukan sesuatu yang berguna. Sebagai contoh, dia boleh menggantung poster yang telah dia tunggu selama beberapa bulan yang digulung dengan kemas dalam bekasnya, tetapi ia kelihatan terlalu hebat. Dia memilih satu lagi kerja kecil yang ingin disiapkan selama berbulan-bulan, iaitu menukar kertas pelapik dalam laci mejanya.

Laci itu lebar dan dalam. Dia mengeluarkannya dan mula memasukkan semua isinya ke dalam sebuah kotak. Semasa dia mengeluarkan objek individu, dia kagum dengan keberadaan begitu banyak perkara kecil yang dia anggap hilang.

Selesai mengosongkan, dia membebaskan kertas lama dari pin lukisan yang memegangnya dan merenyukkannya untuk membuangnya. Dengan sangat terkejut, dia menemui kertas segi empat tepat kecil yang tergelincir betul-betul di bawah lapisan kertas: ia adalah foto lama, telah berada di sana selama bertahun-tahun. Sememangnya, dalam imej itu Giovanna jauh lebih muda dan digambarkan bersama beberapa rakan semasa perjalanan yang bertarikh sekurang-kurangnya dua puluh tahun sebelumnya. Dia mula meneliti watak-watak yang diterbitkan semula dalam foto itu dengan nostalgia. Pasti, itu adalah Paolo, dan itu adalah Sergio, the Sguincio, dan itulah Arianna yang dikenali sebagai La Micia... Mereka semua adalah kawan yang masih dia kunjungi, walaupun semua orang, pada masa ini, hidup dalam situasi yang berbeza..

Tetapi lelaki antara Laura dan Silvio, yang tembam, siapa dia? Dia memaksa dirinya untuk mengingati dan akhirnya di sini adalah pencerahan: tetapi ya, ia adalah "Pebble". Di penghujung sekolah menengah dia telah bertukar bandar kerana keperluan kerja keluarga dan sedikit demi sedikit kenalan telah lemah untuk kemudiannya hilang.

Sudah lama dia sibuk berkhayal tentang tempoh hidupnya, sekolah, kawan-kawan (yang dia ingat) dan kini "Pebble" yang muncul secara tiba-tiba di tengah hari yang membosankan itu. Dia menukar kertas itu, meletakkan semula laci dan tidak memikirkannya lagi pada petang itu.

Pada petang berikutnya, semasa dia melakukan kerja rumah sebaik mungkin, telefon berdering. Adakah anda akan percaya? Di hujung talian satu suara mula berkata:

"Hai, awak Joanna ke? Entahlah awak ingat saya, kita sekolah menengah sama-sama dan awak panggil saya Pebble... Semalam, teringat kembali masa-masa itu, saya ingin mencari kawan lama saya semula. Nombor pertama yang saya temui dalam buku alamat lama adalah milik awak..."

Dua fakta yang tidak berkaitan boleh mencipta "kebetulan yang ketara".

Adalah jelas bahawa penemuan gambar itu sendiri adalah fakta yang ingin tahu semata-mata. Tetapi panggilan telefon pada hari berikutnya mewujudkan sambungan yang, bagi Giovanna, mempunyai "makna misteri" dan menjadikan kebetulan itu penting.

Kita semua sering menjadi saksi atau protagonis peristiwa serupa; pada mulanya kami agak kagum, tetapi kemudian kami memutuskan bahawa ia masih merupakan kes, walaupun sesuatu yang ingin tahu, dan kami mengarkibkan segala-galanya di beberapa sudut fikiran kami.

Pada hakikatnya, "peristiwa pelik" tidak selalu sama dengan "rawak biasa". Ini ditunjukkan oleh fakta bahawa beberapa kebetulan menjana masalah dalam fikiran kita yang masih tidak dapat diselesaikan sepanjang hayat, dan kadang-kadang muncul semula, merangsang rasa ingin tahu kita bersama-sama dengan rasa misteri yang samar-samar. Kami mengesyaki komunikasi yang belum kami terima, petunjuk atau cadangan penting yang kami tidak dapat memahami.

Menurut ahli psikoterapi terkenal Carl Gustav Jung, yang mengkaji fenomena ini untuk masa yang lama dan menghuraikan banyak teori yang diterangkan kemudian dalam buku ini, kebetulan selalunya disebabkan oleh kebetulan, tetapi kadang-kadang ia tidak bermakna. Jung membuat hipotesis kewujudan kebetulan yang boleh dianggap penting atau bahkan "ditutupi dengan kesucian", dan dia mencipta nama "synchronicity" untuk mereka.

Jung mempunyai merit sebagai orang pertama yang mengkaji, secara saintifik, fenomena kebetulan aneh yang kewujudannya tidak dapat dinafikan oleh sesiapa pun, juga menyediakan alat yang sesuai untuk memahami apabila sesuatu kebetulan boleh dianggap penting, atau "numinous", dengan itu menjadi sinkronisitas .

Sememangnya, tidak cukup untuk membezakan antara kebetulan yang remeh dan kebetulan "synchronistic". Kita boleh memastikan bahawa kebetulan yang remeh adalah sebahagian daripada kehidupan seharian dan berpunca daripada pertindihan dan jalinan aktiviti kita dengan orang-orang di dunia di sekeliling kita: ciri-cirinya ialah kita mengambil mudah dan tidak melibatkan kita.

Kebetulan yang ketara, sebaliknya, membuka tingkap besar pada panorama misteri dan memperkenalkan kita kepada dunia yang tidak pernah kita duga wujud. Di sebalik setiap sinkroni terdapat seluruh alam semesta yang tidak diketahui untuk diterokai, dan pengetahuan yang luas untuk diakses. Malangnya, kami tidak mempunyai mata untuk menguraikan panorama ini dan kami tidak tahu bahasa yang digunakan oleh sinkronik untuk berkomunikasi dengan kami. Terdapat isu penyelarasan antara fikiran kita dan minda yang mengatur sinkronik untuk kita.

Patung kecil terbang dari tingkap.

Remigia, sakristan lama gereja Santi Archangeli, sekali lagi memerhatikan gadis yang, seperti yang sering berlaku, selepas masuk, berlutut di bangku terakhir, pada masa-masa ketika tidak ada acara keagamaan. Dia sentiasa melihat dia sangat khusyuk dalam solat, dan dia juga perasan ekspresi sedihnya. Pada hari itu, bagaimanapun, dia fikir dia juga melihat air mata yang berkilauan, jadi Remigia, terharu dengan kebaikan semula jadinya tetapi juga oleh rasa ingin tahu tertentu, menunggunya untuk bangun. Semasa wanita itu berjalan pergi, Remigia mendekatinya cuba memulakan perbualan dengannya, untuk mengetahui sebab ketidakselesaannya. Melalui pertukaran fikiran dan pendapat yang mesra, dia mengumpulkan keyakinannya: gadis itu, yang bernama Sabrina, tidak lagi terlalu muda dan ingin mencari teman lelaki dan memulakan keluarga. Remigia menghiburnya dan menasihatinya sebaik mungkin, mengingati bahawa di antara peranannya sebagai sakristan terdapat juga berurusan dengan penjualan cenderahati, dia berfikir dengan baik untuk akhirnya menyingkirkan patung kecil San Raffaele, salah satu daripada tiga Archangels, yang tidak terjual di sebalik kaca selama beberapa tahun.

"Lihat Sabrina - katanya, membimbingnya ke arah kotak pameran - saya akan mencadangkan agar anda berdoa setiap hari kepada San Raffaele, yang sebenarnya pelindung pasangan bertunang dan memihak kepada penyatuan suami isteri. Adakah anda melihat patung ini, yang merupakan salinan asal perak yang disimpan di Naples? Ia menggambarkan Malaikat Raphael dengan seorang lelaki muda dan seekor ikan di sisinya. Nama lelaki muda itu Tobias, dan dia telah pergi dalam perjalanan untuk berkahwin dengan seorang wanita muda bernama Sara.

Malangnya, Sara dirasuk oleh syaitan Asmodeus, jadi setiap kali dia berkahwin, suaminya meninggal dunia pada malam perkahwinan, dan ini telah berlaku tujuh kali. Anak muda kami, bagaimanapun, tidak tahu bahawa dia akan menjadi yang kelapan. Semasa perjalanan Tobias ditemani oleh Malaikat Raphael. Dalam satu perhentian dia menghampiri tebing sungai, di mana dia diserang oleh seekor ikan besar. Raffaele membantunya membunuhnya dan menyuruhnya mengeluarkan hatinya dan menyimpannya kerana ia akan membawa tuah kepadanya.

Tobias sampai ke destinasinya dan bersiap sedia untuk meraikan perkahwinan itu. Sementara itu, bapa mertuanya sudah pun menyediakan kubur untuknya. Tetapi kali ini lubang itu tidak berguna.

Dengan perlindungan Raffaele, mereka berdua menghabiskan malam pertama dalam solat. Sementara itu mereka membakar hati ikan yang ditangkap Tobit di sungai di dalam brazier. Dengan cara ini dua orang pemuda itu mengalahkan syaitan. Sara dibebaskan dan mereka hidup bahagia untuk masa yang lama.

Anda juga boleh bergantung pada Raffaele. Letakkan patung ini di rumah, dan baca doa yang akan saya berikan kepada anda setiap hari: anda akan melihat bahawa Malaikat Agung akan datang membantu anda.

Fikirkan bahawa walaupun pada zaman kita di Naples pada 29 September ramai gadis pergi melawat patung itu untuk mencari suami yang baik

Sabina bersetuju, membeli patung itu, meletakkannya di atas kabinet di rumah dan membaca doanya setiap hari. Seminggu, sebulan, tiga bulan…

Sehinggalah, pada bulan keempat, pada saat yang sangat kecewa, dia mengambil patung kecil itu dan memandangnya dengan penghinaan sambil merungut, "Apa San Raffaele! Malah dia tidak menolong saya!”. Dengan berkata demikian, dia melemparkan patung kecil itu ke luar tingkap.

Selepas beberapa minit dia terdengar loceng pintu berbunyi. Dia membuka pintu dan melihat seorang lelaki terhormat yang, dengan sedikit malu, berkata:

"Maaf, saya nampak patung ini jatuh dari tingkap, saya rasa ia berasal dari pangsapuri ini, jadi saya fikir saya akan membawanya balik."

Sabina, kagum, menyuruhnya duduk, menawarkan kopi, mereka bercakap tentang ini dan itu dan Sabrina mengetahui bahawa nama lelaki yang baik hati itu ialah Giulio, dan dia membujang. Mereka memutuskan untuk berjumpa lagi, kemudian mereka sering keluar bersama, dan akhirnya mereka berkahwin..

Kesegerakan Carl Jung.

Dalam kes Sabrina, di manakah kebetulan, atau lebih tepatnya, siri kebetulan, bermula? Bilakah Sabrina memutuskan untuk pergi ke gereja Holy Archangels setiap hari? Apabila Remigia, ingin tahu, membuatkan Sabrina menceritakan masalahnya kepadanya? Atau apabila patung kecil tidak terjual selama bertahun-tahun? Atau apabila Giulio melintas di bawah tingkap sama seperti Sabrina melemparkan patung itu?

Kami berurusan dengan banyak fakta, tidak berkaitan antara satu sama lain dan agak dicairkan dalam masa, tetapi jika kita menganggap semuanya bersama-sama, ia membawa makna, iaitu, ia menjadi penting: jika diambil secara keseluruhan, ia membina sinkronisitas.

"Signifikan" ialah istilah untuk merujuk kepada sesuatu yang membayangkan atau menyatakan makna. Fakta adalah penting apabila ia mewakili "tanda", "petunjuk" sesuatu. Fakta penting adalah fasih, luar biasa, relevan.

"Numinous" sebaliknya bermaksud: "dikelilingi oleh aura keramat". Ia mewakili sesuatu yang menimbulkan ketakutan dan penghormatan.

Dalam kes kita, jelas sekali, kesucian tidak berasal dari keadaan bahawa kita bercakap tentang patung seorang kudus, tetapi mempunyai makna yang lebih luas, iaitu, ia menandakan fakta sebagai layak untuk dihormati dan mampu menimbulkan ketakutan rohani.

Dua episod yang saya bentangkan, iaitu Giovanna dan Sabrina, kedua-duanya boleh dianggap sebagai episod sinkronistik, kerana ciri-cirinya sepadan dengan yang ditunjukkan oleh Jung untuk membezakan sama ada sesuatu episod itu sinkronistik atau tidak. Menurut Jung, ciri-ciri synchronicity adalah terutamanya tiga.

Ciri pertama ialah dua atau lebih fakta yang membentuk sinkronisitas tidak dikaitkan dengan hubungan sebab dan akibat. Dalam contoh yang baru dilihat, jelas bahawa panggilan telefon yang diterima daripada Ciottolo bukanlah akibat daripada penemuan Giovanna terhadap foto itu, sama seperti tindakan Sabrina membaling patung itu dan laluan di bawah tingkap Giulio bukanlah akibat daripada yang lain.

Ciri kedua ialah fakta disertai dengan reaksi emosi mereka yang terlibat. Dalam kes pertama, Giovanna tertanya-tanya tentang perkara yang sukar untuk ditakrifkan sebagai kasual. Dalam ; kes kedua Sabrina terlibat dengan sangat gembira sehingga dia dapat mengahwini Giulio.

Ciri ketiga ialah sifat simbolik fakta, yang menjadikannya sukar untuk difahami; tetapi walaupun seseorang gagal memahami mengapa ia berlaku, seseorang merasakan bahawa mereka menyembunyikan beberapa makna yang perlu dihuraikan. Seperti yang Jung inginkan, fakta ini mempunyai watak "numinous, sacral".

Kolektif tidak sedarkan diri dan archetypes.

Kolektif tidak sedarkan diri dan archetypes

Untuk memahami sepenuhnya konsep sinkronisitas kita mesti menyelidiki teori Jung dengan memperkenalkan hujah yang tanpanya asal usul atau fungsinya tidak akan difahami. Jung berteori konsep, atau entiti, benar-benar baru dalam evolusi pemikiran manusia, dan memanggilnya "bawah sedar kolektif". Dalam kajiannya Jung membuat hipotesis bahawa jiwa manusia boleh dibayangkan sebagai berbeza dalam tiga peringkat.

Tahap sedar, atau kesedaran

Yang pertama ialah tahap sedar, atau kesedaran. Segala sesuatu yang kita ketahui tentang diri kita dan persekitaran di sekeliling kita terletak di sini. Carl Jung menulis:

"... Tesis saya, oleh itu, adalah yang berikut: sebagai tambahan kepada kesedaran segera kita, yang bersifat sepenuhnya peribadi, walaupun kita menambah alam bawah sedar peribadi sebagai tambahan, terdapat sistem psikik kedua yang kolektif, universal dan tidak peribadi. alam semula jadi, yang ia adalah sama dalam semua individu. Ketidaksadaran kolektif ini tidak berkembang secara individu, tetapi diwarisi. Ia terdiri daripada bentuk-bentuk yang sedia ada, arketaip, yang hanya boleh menjadi sedar di kemudian hari."

"The collective unconscious is a part of the psyche. It can be distinguished from the personal unconscious by the fact that it does not owe its existence to personal experience and therefore is not a personal acquisition.

The Individual unconscious is essentially made up of contents that were present in the consciousness, but then disappeared because they were forgotten or removed.

Instead, the contents of the collective unconscious have never been present in consciousness and therefore have never been acquired individually, but owe their existence exclusively to inheritance.

The individual unconscious consists mainly of complexes. Instead, the content of the collective unconscious is essentially formed by archetypes.

My thesis, therefore, is the following. There is a first psychic system, which includes our individual consciousness. It also includes the personal unconscious. Beyond this, there is a second psychic system of a collective and universal nature, which does not refer to the individual sphere but is identical in all individuals.

This "collective unconscious" does not develop in individuals, but is inherited. The collective unconscious consists of "pre-existing forms", the archetypes. "

Oleh itu, menurut Jung, terdapat tahap kesedaran yang diletakkan di luar fikiran kita, tidak terhad kepada otak kita tetapi terpisah daripada peribadi kita dan bebas daripada fizikal kita. Ia adalah tahap psikik yang tidak boleh terletak di mana-mana. Ia bukan "sesuatu" dengan panjang, lebar, tinggi dan berat yang boleh diambil dari sini dan dipindahkan ke sana. Secara mudahnya, alam bawah sedar kolektif adalah, wujud, dengan cara yang sama seperti jiwa kita atau usia pokok atau aliran air di sungai. Tiada siapa yang dapat melihat atau menimbang idea tentang umur pokok atau aliran sungai, tetapi tidak dapat dinafikan bahawa mereka berada di sana.

Alam bawah sedar kolektif adalah realiti psikik mutlak yang mengandungi pengalaman semua manusia dan yang boleh diambil oleh semua manusia. Semua pengalaman manusia hadir dalam alam bawah sedar kolektif dalam bentuk archetypes. Hari ini kita akan mengatakan bahawa semua maklumat yang berkaitan dengan manusia disimpan dalam bentuk fail yang dipanggil archetypes.

Oleh kerana semua manusia boleh berinteraksi dengan arketaip alam bawah sedar kolektif, maka kita mempunyai banyak pengetahuan yang belum kita alami.

Semasa saya menulis perkataan ini, terdapat kamus dan penyemak tatabahasa terbina dalam sistem penulisan saya pada komputer saya. Saya mengabaikan kewujudan sistem ini, sehingga saya membuat kesilapan penulisan. Apabila saya membuat kesilapan, sistem memberitahu saya. Beberapa kali pertama saya berdiri melihat perkataan kecil yang digariskan dengan warna merah oleh program "Word", dan saya tidak faham mengapa. Sedikit demi sedikit saya terbiasa dengannya dan saya perasan bahawa garis bawah merah menunjukkan ralat, walaupun ia tidak menyatakan ralat itu. Adalah menarik jika preposisi yang paling indah dalam tulisan saya muncul digariskan dalam warna biru, untuk menandakan kepuasan beberapa bahagian misteri perisian itu. Mungkin saya masih tidak faham, kerana komputer menyatakan dirinya dengan bentuk yang tidak dapat difahami dengan segera.

Sinkroni adalah seperti ini. Ini adalah isyarat yang datang kepada kita daripada pemeriksa tatabahasa yang ditempatkan yang tahu di mana, tersebar dalam awan yang besar, yang kita terima dalam bahasa yang sukar untuk dihuraikan. Ada kalanya arketaip tergelincir dari alam bawah sedar kolektif dan datang untuk mempengaruhi kesedaran kita. Ini menjana episod yang sukar difahami. Kami memahami kehadiran makna tersembunyi, tetapi kami tidak memahami dengan tepat maksud mesej itu.

Idea yang setua manusia.

Jung mempunyai kelebihan untuk mendedahkan tesisnya tentang alam bawah sedar kolektif mengikut kriteria ketelitian saintifik, tetapi idea itu sama sekali bukan baru. Sejak fajar kemanusiaan dan sejak manifestasi pertama pemikiran manusia yang boleh kita ketahui hari ini, kepercayaan pada tahap psikik yang lebih tinggi adalah jelas, dunia "idea" yang terputus dari realiti material tetapi biasanya menguasainya.

Setiap kali ketuhanan telah dikenal pasti dalam objek semula jadi, seperti matahari atau bulan, wasiat sentiasa dikaitkan dengan objek itu. Matahari terbit dan terbenam setiap hari untuk memberi kehidupan kepada bumi, tetapi ia mempunyai kehendak yang mana ia juga boleh memutuskan untuk tidak melakukannya: oleh itu keperluan untuk menghormatinya, memberi penghormatan kepadanya, dan kemudian menganjurkan pemujaan dan mempersembahkan korban. untuk menggembirakannya.

Kepercayaan agama animisme Paleolitik dan Neolitik tidak lama kemudian diubah, dalam tempoh klasik Yunani kuno, menjadi konsep yang lebih halus, iaitu Jiwa dunia (juga dikenali, dalam bahasa Latin, sebagai Anima Mundi). Ini adalah istilah falsafah yang digunakan oleh Platonis untuk menunjukkan daya hidup alam dalam keseluruhannya, iaitu, dianggap serupa dengan organisma hidup tunggal. Walau bagaimanapun, pada masa yang sama, jiwa dunia berkait rapat dengan jiwa setiap satu; oleh itu, ia membayangkan alam semesta di mana semua adalah satu. Walau bagaimanapun, dalam alam semesta yang unik ini semua keperibadian dipelihara.

Dengan kerjasama Wolfgang Pauli (Hadiah Nobel untuk fizik) Jung meneroka kemungkinan bahawa konsep Archetype dan Synchronicity boleh dikaitkan dengan realiti yang ditakrifkannya sebagai "Unus mundus", dari mana segala-galanya muncul dan kepada mana segala-galanya kembali; tepat, sama adalah konsep Anima mundi yang berasal dari monisme Plato dan dikembangkan oleh Neo-Platonist.

Falsafah dan agama telah banyak menjadikan konsep Jiwa dunia mereka sendiri, yang hari ini kita dapati hadir dengan nama yang berbeza baik dalam falsafah Timur (Tao budaya Cina, atau Ātman budaya India) dan dalam religiusitas Barat (Tuhan, Roh Kudus). Terdapat juga banyak cara bukan agama untuk merujuk kepada realiti ini: Minda Sejagat, Kesedaran Global, Semangat Dunia. Bercakap tentang alam bawah sedar kolektif, kami perhatikan bahawa terdapat analogi yang kuat dengan semua entiti ini.

Arketiip.

Alam bawah sedar kolektif membangkitkan banyak persamaan dengan konsep yang dibangunkan sepanjang evolusi budaya manusia. Konsep lain yang dikaitkan dengan alam bawah sedar kolektif Jungian, iaitu arketaip, juga mengembangkan banyak analogi. Arketiip ialah kategori konseptual yang diasimilasikan dengan struktur kuno seperti mitos dan agama yang tipikal, tetapi juga kepada watak dongeng budaya popular. Malah, Jung sendiri tidak mendakwa telah mencadangkan sesuatu yang baru, tetapi mengakui bahawa arketaipnya boleh dianggap serupa dengan motif mitologi utama setiap zaman sejarah dan setiap umat manusia.

Oleh itu, arketaip boleh menjadi tidak terhingga, sama seperti keupayaan pemikiran manusia untuk menjana situasi sebenar atau hebat adalah tidak terhingga; daripada arketip kematian kepada ketakutan kepada kekejaman kepada belas kasihan, kemudian melalui semua penglihatan yang berasal dari mimpi kita, di mana angka-angka menjadi simbol dan oleh itu archetypes, seperti kuda, labah-labah, lompatan ke dalam kosong atau serigala mengejar kita.

Mana-mana tokoh yang dapat dibayangkan oleh fikiran kita hadir sebagai arketip dalam alam bawah sedar kolektif, dengan makna yang tidak sesuai dengan angka itu sendiri dalam realiti, tetapi mempunyai nilai simbolik. Sebagai contoh, kuda adalah simbol keinginan untuk mengembara ke dunia rohani.

Plato sendiri percaya bahawa archetypes adalah sesuatu yang kita lukis tanpa mempunyai pengalaman langsung mengenainya, tetapi dia mengaitkannya dengan fakta bahawa, menurutnya, kita telah melihatnya sebelum kita dilahirkan. Untuk menyokong teori ini dia menggunakan doktrin ingatan. Jiwa kita, sebelum turun ke dalam badan, hidup di Dunia Idea di mana ia memperoleh pengetahuannya; apabila turun ke dalam badan, jiwa mengekalkan pengetahuan ini. Oleh itu Plato berkata "Mengetahui adalah mengingat" kerana kita akan mempunyai pengetahuan semula jadi.

Alam bawah sedar kolektif Jung adalah tempat di mana idea (arketaip) tidak kelihatan dan boleh diakses oleh jiwa kita sebelum lahir, tetapi muncul dan bertindak dalam ketidaksadaran individu kita sepanjang hidup kita. Kadang-kadang kita menganggap archetypes sebagai konsep umum dan abstrak. Jung tidak menganggap mereka sedemikian, kerana keabstrakan tidak mempunyai bentuk. Dia, sebaliknya, percaya mereka mampu mengambil bentuk untuk mendedahkan diri mereka. Memandangkan mereka mampu mengambil bentuk dan menampakkan diri mereka dalam keadaan tidak sedarkan diri, archetypes adalah sumber tenaga psikik, bersedia untuk memunggah potensi mereka kepada kita melalui mimpi, kebetulan, firasat atau gerak hati. Semua fenomena ini membentuk asas episod sinkronistik.

Perbezaan antara konsep Plato, mengikut mana idea-idea diketahui oleh jiwa sebelum turun ke dalam badan, dan Jung, mengikut mana archetypes berinteraksi dengan alam bawah sedar individu semasa hidup, lebih jelas apabila seseorang menganggap bahawa tindakan archetypes berlaku. terutamanya pada saat-saat tekanan, krisis dan transformasi.

Malah, bahagian sedar manusia, lebih rasional dan cenderung untuk menerima kompromi dengan realiti kehidupan, sentiasa berjuang dengan alam bawah sedar, lebih naluri dan imaginatif, yang selalunya ingin terlibat dalam tingkah laku yang tidak difikirkan dengan baik.

Akibatnya, kesedaran itu mendirikan dan mengekalkan penghalang yang kukuh untuk mengekalkan kemeruan alam bawah sedar. Ini bukan perkara yang baik dan tidak selalunya berkesan. Ada kalanya penghalang itu bergoyang atau runtuh.

Ini adalah saat-saat krisis eksistensi, seperti kehilangan pekerjaan, atau berakhirnya hubungan, atau kehilangan orang yang disayangi. Dalam kes ini, hati nurani rasional individu kecewa, dia tidak memahami apa yang berlaku, dia tertanya-tanya tentang kebenaran keyakinannya sendiri dan tertanya-tanya di mana dia boleh tersilap.

Rasionalitas biasa bertembung dengan realiti yang dia tidak bayangkan begitu mentah dan menyakitkan. Dalam kes ini pertahanan diturunkan, halangan tidak lagi dapat diatasi dan bahan psikik mengalir dari alam bawah sedar yang boleh mengambil bentuk sinkronisitas.

Oleh itu, dengan sendirinya, sinkronisitas sentiasa mengiringi keperluan untuk perubahan, atau mengumumkannya, atau mencadangkannya, tetapi kebanyakannya melakukannya dalam bentuk simbolik, dengan bahasa yang sangat sukar untuk ditafsirkan.

Antara contoh yang Jung dokumentasikan, yang paling terkenal mungkin adalah yang berlaku semasa rawatan salah seorang pesakitnya. Dalam eseinya "Synchronicity as a principle of acausal nexus" yang diterbitkan pada tahun 1952 Jung menerangkan peristiwa itu seperti berikut:

> “Seorang wanita muda, pesakit saya, mempunyai mimpi pada saat yang menentukan dalam rawatannya. Dalam mimpi dia menerima selendang emas sebagai hadiah. Semasa dia memberitahu saya mimpi ini, saya duduk membelakangi tingkap yang tertutup. Tiba-tiba saya terdengar bunyi bising di

belakang saya, seperti ada sesuatu yang mengetuk perlahan di tingkap. Saya menoleh dan melihat seekor serangga bersayap terlanggar tingkap dari luar. Saya membuka tingkap dan menangkap pepijat itu. Ia adalah analogi yang paling dekat dengan kumbang emas yang boleh saya temui di latitud kita, iaitu kumbang, Cetonia aurata, kumbang mawar biasa, yang ternyata ketika itu merasa terpaksa menembusi, bertentangan dengan kebiasaannya, di dalam bilik gelap. Saya mesti menambah bahawa kes sedemikian tidak pernah berlaku kepada saya sebelum atau sejak; malah impian pesakit itu tetap menjadi fakta unik dalam pengalaman saya."

"One patient had a dream at a decisive moment in the therapy. In the dream the young woman received a gold beetle as a gift. While she was telling me this dream, I was sitting with my back to the closed window.

Suddenly I heard a noise behind me, as if something was knocking softly against the window.

I turned and saw a winged insect that, from outside, bumped against the window. I opened the window and caught the insect. It was very similar to a gold beetle, that is, to a "Cetonia aurata", the beetle of roses.

Evidently, the insect had felt impelled, at that very moment, to enter our dark room. This, contrary to his habits.

I must add that such a case had never happened to me before and it never happened to me afterwards; That dream of the patient remained a unique fact in my experience. "

Jung kemudian mengulas bahawa wanita itu adalah pesakit yang sangat sukar, yang sehingga hari itu tidak membuat satu langkah ke hadapan. Dia seorang wanita yang sangat rasional dalam keyakinannya, dan peristiwa yang tidak rasional diperlukan untuk menggoncangnya, tetapi yang tidak dapat dihasilkan oleh Jung. Mimpi kumbang telah mengagumkan wanita itu dan sudah mula memakan pertahanan dalamannya. Namun, apabila Cetonia Aurata benar-benar masuk melalui tingkap:

"Intipati semulajadinya dapat menembusi perisai dan juga proses transformasi yang mengiringi penawar itu dapat berjalan buat kali pertama".

Its natural essence succeeded in breaking the armor and the process of transformation that must always accompany a therapy, began to take off".

Dalam sekuel Jung menerangkan peristiwa itu dalam istilah psikoterapi dan menerangkan bagaimana episod itu terbukti berkesan untuk pemulihan pesakit. Dia dengan sewajarnya menunjukkan bahawa kumbang adalah simbol klasik kelahiran semula. Menurut keterangan dalam buku Mesir kuno Am-Tuat, Dewa Matahari, dalam perjalanannya selepas kematian, di stesen kesepuluh mengubah dirinya menjadi kumbang dan dalam bentuk ini dia naik ke stesen kedua belas, dalam perahu yang membawanya, diremajakan, di langit fajar untuk dilahirkan semula ke hari baru.

Bagaimana "peristiwa sinkronisitas" berlaku.

Sinkronik berlaku secara tiba-tiba, dalam kehidupan seseorang, apabila jiwa mereka yang sakit melihat beberapa analogi antara keperluan mereka dan arketaip yang boleh mereka akses melalui ketidaksadaran mereka. Malah, arketaip ada di sana bersemangat untuk bekerjasama dalam kesejahteraan individu. Beberapa teori berpendapat bahawa archetypes mempunyai keupayaan untuk campur tangan secara autonomi dalam kes penderitaan yang sedia ada.

Perbezaannya adalah ketara. Dalam kes pertama kita menganggap bekas psikik dari mana kita boleh menarik maklumat yang sentiasa disimpan dan tersedia untuk digunakan. Dalam kes kedua, sebaliknya, kewujudan Kecerdasan yang unggul dibayangkan, mampu mengetahui keperluan individu dan mampu campur tangan secara autonomi untuk membantu mereka.

Dalam kebanyakan kes, hipotesis kedua kelihatan lebih berkemungkinan. Menganalisis pelbagai kes sinkronisitas, kita semua akan dibimbing untuk mengenal pasti arah, atau bahkan kehadiran Roh universal, tepatnya Jiwa dunia, yang mampu menjadikan dirinya hadir dan beroperasi memihak kepada semua makhluk, tanpa batasan ruang dan masa.

Dengan cara ini alam semesta menjadi sesuatu yang saling berkaitan, terjalin (terjerat) pada setiap bahagiannya, sehingga membentuk satu benda dengan keseluruhannya. Manusia, walaupun dalam keperibadiannya, iaitu dalam egonya, menjadi molekul, sebahagian daripada organisma yang lebih besar, Kosmos yang bijak, yang melindungi dan membimbingnya melalui episod sinkronistik.

Jung memanggil realiti penyatuan jirim dan fikiran ini sebagai "psikoid." Ia adalah tahap yang melebihi jirim dan jiwa, tetapi merangkumi kedua-duanya.

Lebih-lebih lagi, seperti yang telah kita lihat dalam contoh sebelumnya, alam bawah sedar kolektif sama sekali tidak menyerupai gudang lengai, tetapi nampaknya memiliki kecerdasan yang diperluaskan ke masa lalu dan masa depan, yang tidak dapat dijelaskan mengikut kategori pemikiran kita. Kita sudah terbiasa dengan dunia di mana perkara-perkara berlaku satu demi satu, dan setiap peristiwa adalah akibat dari peristiwa sebelumnya dan penyebab kejadian berikutnya.

Pada tahap tidak sedar kolektif, maklumat juga turun ke arah hati nurani dalam susunan terbalik, seperti apabila firasat memberi amaran kepada kita tentang sesuatu sebelum ia berlaku. Kadang-kadang "panggilan telepati" memberitahu kita bahaya semasa orang tersayang yang berada ratusan batu jauhnya. Ini berlaku pada saat-saat ketika bahaya semakin hadir.

Terdapat beribu-ribu testimoni orang yang bangun dengan permulaan di tengah malam, sebagai mangsa mimpi ngeri, manakala orang yang disayangi diserang atau terlibat dalam kemalangan. Terdapat juga banyak kesaksian tentang kesedaran tentang kematian orang yang jauh, seperti yang berlaku.

Kita boleh meringkaskan ciri tipikal fenomena segerak dalam beberapa kenyataan berikut.

Sinkronisitas ialah hasil (jumlah) dua atau lebih fakta utama yang tidak berkaitan antara satu sama lain, yang memperoleh makna hanya untuk orang yang menerima sinkronisitas.

Di satu pihak, di mana sahaja di dunia dan pada bila-bila masa yang boleh dikaitkan secara simbolik, seseorang menerima imej tidak sedarkan diri dalam bentuk mimpi, firasat, panggilan telepati, idea tiba-tiba, imej langsung atau simbolik.

Di tempat lain, di mana sahaja di dunia dan dalam masa yang boleh dikaitkan secara simbolik, sesuatu peristiwa atau fakta bertepatan dengan imej tidak sedarkan diri.

Takdir atau "sinkronisitas"?

Penulis Amerika Louis L'Amour, (nama samaran Louis Dearborn LaMoore) memberitahu di laman webnya kisah luar biasa Puan Sarah Richley, seorang suri rumah yang pendiam yang anaknya Peter memupuk semangat yang luar biasa untuk laut. Pernah Peter dewasa, walaupun pendapat yang bertentangan dan kebimbangan ibunya, memutuskan untuk memulakan dan menghabiskan hidupnya dalam elemen yang sangat dia cintai. Baik melalui kecuaian mahupun kesukaran mereka yang melalui laut untuk mengekalkan hubungan dengan tanah besar, ibu dan anak terputus hubungan.

Ini adalah prolog, selepas itu cerita terungkap dalam dua babak.

Pada yang pertama, sudah cukup luar biasa dengan sendirinya, kita akan menelusuri semula pengembaraan yang dialami oleh Peter dalam salah satu pelayarannya, pada tahun 1829. Ini adalah peristiwa yang benar, dilaporkan dengan tekun dalam daftar tentera laut dan dikisahkan dalam jilid ketujuh Ensiklopedia Besar the Sea yang diterbitkan di Itali oleh Armando Curcio dan diarahkan oleh pembuat dokumentari terkenal Folco Quilici.

Kisah Luar Biasa Sarah Richley, Akta I

Pada Oktober 1829 kapal sekunar Australia Mermaid belayar dari Sydney ke Collier Bay di barat Australia. Kapal itu, di bawah arahan Samuel Nolbrow, mempunyai 18 anak kapal, termasuk Peter Richley, dan membawa tiga penumpang. Pada hari keempat navigasi, apabila bot itu berada di Selat Torres yang sangat berbahaya, antara Australia dan New Guinea, perkara yang tidak boleh diperbaiki berlaku.

Bank awan yang tidak menyenangkan menghampiri. Angin turun dan kapal itu berhenti. Pada tengah malam ribut ganas timbul. Kapal itu berulang kali dihempas ke terumbu karang dan pecah walaupun usaha terdesak anak kapal. 21 lelaki itu meninggalkan bangkai kapal dan terjun ke laut dan berenang sehingga mereka sampai ke sebuah batu. Kapten yang tiba terakhir, mendapati kesemua 21 orang selamat.

Mereka menghabiskan tiga hari tiga malam di atas batu, sehingga Brig Swiftsure yang kebetulan melalui kawasan itu melihat mereka dan mengambil mereka, kemudian meneruskan laluannya. Selepas lima hari, bagaimanapun, Swiftsure juga mengalami arus bergelora dan telah rosak.

Semua penghuni tergesa-gesa meninggalkan kapal. Sekali lagi semua orang diselamatkan kerana sekunar Gabenor Ready tidak lama kemudian mendapati dirinya melalui, dengan 32 anak kapal, yang mengambil dan menjadi tuan rumah kepada mangsa yang terselamat dari dua kapal yang sebelum ini karam di atas kapal.

Malangnya, peristiwa negatif belum berakhir. Sekunar itu meneruskan perjalanannya, walaupun dibebani oleh terlalu ramai orang di dalamnya. Selepas beberapa jam, seseorang menyalakan api secara tidak sengaja, yang bertukar menjadi api. Malangnya kebakaran tidak dapat dipadamkan dan semua krew Mermaid, Swiftsure dan Gabenor Ready terpaksa berhimpit ke dalam bot penyelamat.

Bagaimanapun, kali ini mangsa yang terselamat, iaitu semua orang, dapat mengucapkan terima kasih kerana tidak lama selepas itu bayang Komet pemotong Australia muncul di kaki langit.

Secara kebetulan, ribut telah menolak Komet keluar dari landasan, sehingga, secara kebetulan, dia melihat bot penyelamat orang yang dibuang.

Apabila kelasi Komet mengetahui bahawa orang-orang itu adalah mangsa tiga kapal karam, mereka mula menyesal telah menyelamatkan mereka, tetapi sekarang mereka berada di atas kapal. Walau bagaimanapun, suasana ketegangan yang hebat timbul didorong oleh keraguan bahawa nasib buruk mengiringi orang-orang itu, dan bencana lain boleh berulang. Mereka tidak salah. Selepas lima hari di laut, Komet itu juga telah musnah. Kali ini tiada bot penyelamat untuk semua orang, jadi ramai yang terpaksa kekal di dalam air berpaut pada sisa kapal yang karam. Mereka terpaksa bertahan selama 18 hari, sebelum diselamatkan oleh kapal pengukus Perkhidmatan Pos Australia, Musytari.

Hebatnya, selepas tidak kurang daripada empat kapal karam tidak ada mangsa di kalangan mereka: malah, tiada sesiapa pun yang cedera kecuali lebam minimum yang boleh diramalkan dalam keadaan sedemikian.

Dalam semua ini Peter Richley mungkin telah menenangkan nafsunya untuk belayar. Nampaknya semuanya sudah berakhir, tetapi ... tidak. Selepas beberapa ketika, kapal pengukus Musytari turut terlanggar batu dan tenggelam.

Nasib baik, tidak jauh dari kapal karam terakhir ini adalah dalam perjalanan kapal penumpang City of Leeds yang sekali lagi menyelamatkan semua veteran dari lima kapal karam, dan akhirnya membawa mereka dengan selamat ke Sydney di mana mereka boleh turun dan menceritakan pengembaraan mereka.

Pencerita itu, mengakhiri kisahnya dalam Ensiklopedia laut, mengulas seperti berikut:

"Kebetulan semata-mata? Mungkin.. Namun ada kes di mana nampaknya entiti gelap memanipulasi peristiwa. Entiti ini sengaja mengarahkan peristiwa ke arah yang kelihatan seperti manusia..."

Di sini berakhir riwayat yang telah kami takrifkan sebagai perbuatan pertama.

Bagi Peter Richley, bagaimanapun, penceritaan itu belum selesai kerana kelasi kita, sebelum turun, semasa dia masih berada di atas kapal terakhir, mendapati dirinya terlibat dalam aksi kedua yang, jika boleh, adalah lebih luar biasa daripada yang pertama.

Kisah Luar Biasa Sarah Richley, Akta II

Kami mengambil semula penceritaan penulis Louis L'Amour. Kali ini semuanya berlaku di atas kapal penumpang 'City of Leeds'.

Kapal ini, yang berlepas dari United Kingdom dan menuju ke Sydney, membawa penumpang dari pelbagai latar belakang yang berminat untuk sampai ke Australia atas sebab yang paling pelbagai. Memandangkan banyak kesulitan perjalanan pada masa itu, pengembara kebanyakannya adalah golongan muda, atau dalam apa jua keadaan yang teguh dan dalam keadaan sihat. Akibatnya, doktor kapal itu tidak menghadapi masalah besar dalam menjalankan kerjanya.

Dalam perjalanan ini, bagaimanapun, doktor telah mendapati dirinya dalam kesukaran yang besar. Malah, seorang wanita tua yang mengembara sendirian pada satu ketika telah rebah di bawah bebanan bertahun-tahun dan penyakit, dan kini dimasukkan ke hospital di rumah sakit kapal itu. Beberapa kali doktor bertanya kepada wanita itu:

"Tetapi kenapa anda, seorang wanita tua, mahu melakukan perjalanan ini dari England ke Australia?"

Wanita tua itu menjawab dengan mengulangi bahawa dia tidak mendengar khabar daripada anaknya selama bertahun-tahun. Dia baru-baru ini mengetahui bahawa anaknya sedang menjalankan kerjanya di sepanjang laluan pantai Australia, jadi dia telah memutuskan untuk mencarinya. Setiap kali wanita tua itu kemudian mengeluarkan sekeping gambar lama dari dompetnya untuk menunjukkan kepada doktor wajah anaknya.

“Ini anak saya. Cukuplah saya melihatnya sekali lagi dan kemudian saya boleh mati dengan tenang. Tolong saya, doktor." Doktor itu seorang yang sensitif dan ingin membantu wanita itu, tetapi tidak tahu bagaimana.

Tidak lama selepas satu daripada temu bual berulang ini, doktor membuat lawatan susulan ke beberapa orang yang dibuang. Walaupun dia masih mempunyai gambar anak lelakinya yang hilang di matanya, dia mendapati dirinya berhadapan dengan seorang kelasi yang ciri-cirinya agak serupa. Rambut gelap, dahi tinggi, hidung aquiline, bibir nipis dan dagu yang jelas. Pada pemeriksaan dangkal lelaki muda ini mungkin dianggap sangat serupa dengan gambar itu. Malah umur boleh sepadan. Satu idea menerpanya: mengapa tidak memperkenalkan lelaki muda ini kepada wanita tua itu, yang penglihatannya tidak lagi sempurna, supaya penipuan yang baik ini membolehkannya menamatkan hidupnya dengan aman?

Dia menjelaskan segala-galanya kepada lelaki muda itu dan bertanya kepadanya sama ada dia ingin meminjamkan dirinya untuk peranan ini. Pemuda itu, bagaimanapun, sama sekali tidak mahu menerima keterlibatan dalam penipuan itu.

"Lagipun, anda hanya akan melakukan perbuatan baik untuk wanita itu", tegas doktor itu, "anda hanya perlu berpura-pura selama beberapa minit bahawa nama anda ialah Peter".

Pemuda itu mula goyah.

“Baiklah, saya tidak akan bercakap bohong, kerana nama sebenar saya ialah Peter. Tetapi saya harus tahu lebih lanjut. Siapa sebenarnya wanita ini?”

"Dia seorang wanita Inggeris, Sarah Richley tertentu."

Peter muda menjadi pucat dan gemetar yang mendalam menggoncang seluruh tubuhnya, lalu dia berseru:

"Tetapi ini ibu saya!"

Itu memang ibunya. Nasib (atau siri sinkronik yang luar biasa) bermakna, melalui tidak kurang daripada lima kapal karam, kedua-duanya boleh disatukan semula.

Bagi pencinta pengakhiran yang baik, wanita itu, mengikuti kegembiraan mencari anaknya, pulih dan hidup selama bertahun-tahun tanpa kehilangan hubungan dengan Peter, yang terus belayar.

Beberapa sumber di web mendokumentasikan cerita ini, sebagai contoh

http://tardis.wikia.com/wiki/Sarah_Richley

Pendeta Pentakosta Philip Harrelson mengimbas kembali kisah ini setiap tahun dalam khutbah Hari Ibunya, seperti yang disiarkan di laman web

https://www.sermoncentral.com.

Ada yang berpendapat bahawa cerita itu tidak akan benar, kerana kapal City of Leeds dilancarkan selepas 1829, tahun di mana peristiwa itu berlaku. Sesungguhnya, setiap laut dipenuhi dengan kapal-kapal dengan nama yang sama. Berikut adalah beberapa contoh. Sebagai tambahan kepada 'City of Leeds' dari cerita kami, sebuah lagi kapal bernama 'City of Leeds' telah dilancarkan pada tahun 1903, bersama-sama dengan kapal kakaknya 'City of Bradford'. Dua lagi kapal kargo dengan nama 'City of Leeds' telah dilancarkan pada tahun 1908 dan 1944.

Sinkronisitas adalah pancaran dari Minda sejagat.

Bukti muktamad bahawa sinkronik bukanlah ilusi jiwa kita tetapi datang dari Minda yang unggul didapati apabila kita menemui kewujudan episod sinkronik yang melibatkan beberapa orang dalam pembinaan sesuatu peristiwa yang hanya mempengaruhi satu daripadanya, seperti dalam urutan fakta yang luar biasa. yang baru saya laporkan.

Tetapi itu tidak mencukupi. Sinkroni bukan sahaja melibatkan kehidupan individu atau kumpulan kecil, tetapi nasib kolektif dunia. Kesegerakan membimbing komuniti manusia, rakyat, negara dan seluruh dunia ke arah tahap kesedaran yang lebih tinggi. Ia adalah perjalanan evolusi budaya dan rohani, matlamat yang hanya boleh kita bayangkan.

Saintis Jesuit Pierre Teillard de Chardin bercakap tentang Titik Omega, iaitu tahap kerumitan dan kesedaran maksimum yang alam semesta nampaknya cenderung dalam evolusinya.

Ramai yang tertanya-tanya mengapa manusia hidup selama berjuta-juta tahun, selepas kemunculannya, dalam keadaan hampir kejam Zaman Batu, hanya untuk membuat lompatan evolusi yang luar biasa dalam dua belas ribu tahun yang lalu. Dalam sebahagian kecil masa kita telah pergi dari zaman besi kepada apa yang boleh kita takrifkan sebagai "zaman maklumat", iaitu era yang kita sedang hidup sekarang.

Adalah logik bahawa selama berjuta-juta tahun umat manusia tidak membuat apa-apa lompatan evolusi yang ketara, jika bukan dari pelbagai kerja batu, untuk kemudian meletup dalam kemunculan kebaharuan, ciptaan, pemerolehan teknologi baharu yang telah mengubah bandar daripada kumpulan pondok jerami ke bangunan pencakar langit yang luas?

Jika segala-galanya bergantung kepada manusia, kita sepatutnya menjangkakan evolusi beransur-ansur, lebih banyak tersebar dari semasa ke semasa. Tetapi tidak, semua pembangunan kami, dari penemuan pertanian dan logam dan seterusnya, berlaku dalam 0.003% terakhir masa perjalanan kami melalui sejarah.

Adalah sah untuk membayangkan bahawa akhirnya, selepas 99.997% perjalanan kita, "seseorang" atau "seseorang tenaga" memutuskan bahawa ia adalah masa yang sesuai untuk manusia "didorong", dipandu ke arah tahap kewujudannya yang lebih tinggi.

Dalam tiga abad yang lalu kita telah mengalami zaman materialisme yang mendalam, di mana kewujudan apa yang tidak boleh ditimbang pada neraca, diukur dan diterbitkan semula di makmal telah dinafikan.

Nampaknya, seluruh siri sinkronik yang telah berkembang pada abad yang lalu ingin membawa dunia kepada kesedaran bahawa kosmos bukan terdiri daripada jirim sahaja, tetapi jirim dan jiwa. Kerja Jung, kerjasamanya dengan Wolfgang Pauli, Hadiah Nobel dalam Fizik, dan pembangunan fizik kuantum dengan penemuan fenomena keterikatan sedang menurunkan mitos dunia yang dibuat semata-mata daripada bahan.

Sains baru menolak alam semesta yang ditadbir secara kebetulan dan meramalkan lompatan evolusi baru untuk manusia, di mana sebab-sebab jiwa, yang telah lama ditindas, akan mendapat tempat dan kepentingannya.

Baiklah, tetapi... mana buktinya?

Semua yang diperkatakan setakat ini telah bertembung, dan terus bertembung, dengan hampir semua persekitaran saintifik yang menafikan, sebagai amalan, kewujudan apa-apa yang ditakrifkan sebagai "psikik" atau "rohani", dengan alasan bahawa seluruh alam semesta tidak lain daripada perkara. Konotasi materialis sains moden ini lahir pada abad kelapan belas, dengan kedatangan Pencerahan.

Tempoh sejarah yang dikenali sebagai "zaman Pencerahan".

The Enlightenment, yang dilahirkan sekitar 1700 di England, adalah gerakan falsafah, politik, budaya dan sosial, yang tidak lama kemudian berkembang di seluruh Eropah dan mencapai kemuncaknya di Perancis. Nama itu berasal dari keinginan para penganjur dan penganutnya untuk mencerahkan fikiran orang lain yang, pada pendapat mereka, pada masa itu dikaburkan oleh khurafat dan kejahilan. Pencerahan telah dipeluk dan disahkan oleh kebanyakan masyarakat yang berbudaya dan bangsawan yang, walaupun konflik pahit di pihak kuasa gerejawi, akhirnya berlaku dengan mengorientasikan adat sosial ke arah nilai-nilainya.

Dari ahli falsafah pertama dan seterusnya ia dipercayai bahawa akal adalah cara untuk merenung kebenaran yang tinggi, manakala yang tercerahkan menganggap akal sebagai alat praktikal, operasi dan berfungsi untuk pembangunan budaya dan kemajuan. Menurut pemikir Pencerahan, kejayaan akal bukan lagi dalam spekulasi falsafah, tetapi dalam hasil praktikal yang dicapai: akal berguna jika ia dapat menjelaskan fakta dan perkara secara rasional, tanpa menggunakan hujah metafizik. Dalam keinginan untuk membebaskan manusia daripada ketakutan yang tidak munasabah terhadap perkara yang tidak diketahui, penyokong Pencerahan berpendapat bahawa setiap orang mempunyai keupayaan intrinsik untuk memahami realiti yang mengelilinginya, tetapi mesti membebaskan dirinya daripada superstruktur karut. Menurut teori Enlightenment, superstruktur ini dikenakan oleh kuasa yang berminat untuk menguasai masyarakat dengan mengekalkan rakyat dalam kejahilan.

Niatnya baik. Malangnya, semua revolusi lahir dari niat yang baik. Kemudian dalam amalan, selepas membasuh bayi, seseorang menjangkakan untuk membuangnya bersama air mandian.

Kita boleh mengatakan bahawa gelombang panjang Pencerahan terus membasuh pantai sains moden.

Salah satu prinsip utama materialisme Pencerahan ialah dunia adalah mesin. Mesin ini mengikut undang-undang fizik yang diketahui dan baru muncul, dan tidak berfungsi. Tiada muktamad dalam penciptaan keseluruhan, dan oleh itu juga dalam kewujudan manusia. Manusia juga adalah mesin yang menjalankan fungsi pentingnya tanpa sebarang tujuan sehingga ia rosak dan tidak wujud lagi.

Denis Diderot, pengarang bersama Jean-Baptiste D'Alembert dari Ensiklopedia terkenal yang diterbitkan dalam 17 jilid dari 1751 hingga 1772, memainkan peranan seorang saintis dengan itu:

> "Saintis, yang profesionnya adalah untuk mendidik dan bukan untuk membentuk

rohani, akan mengetepikan mengapa, hanya melihat bagaimana. Bagaimana diambil dari makhluk, dan mengapa dari akal kita... Berapa banyak idea yang tidak masuk akal, berapa banyak? andaian palsu, berapa banyak tanggapan chimerical boleh didapati dalam lagu-lagu pujian bahawa beberapa pembela sebab-sebab akhir yang tergesa-gesa berani mengarang untuk menghormati Pencipta".

"The profession of the scientist is to instruct and not to give moral lessons. In his teachings he will leave aside the "why, "looking only at "how ".

The "how" is derived from things, from beings. Instead, the "why" is only a fruit of the intellect. The intellect is not reliable. How many absurd ideas, how many false assumptions, how many chimerical notions are found in the songs in honor of the Creator!

Walaupun penolakan terhadap semua kerohanian dan visi mereka tentang realiti tanpa tujuan, berasaskan peluang, Pencerahan secara ingin tahu menolak untuk dianggap materialis. Voltaire mengulangi beberapa kali bahawa dia tidak merasai keberanian untuk membuat keputusan sama ada untuk materialisme atau spiritualisme.

Zaman Pencerahan dan Salun Sastera.

Justru kerana pengembangan Pencerahan yang bermula pada abad kelapan belas, tempoh itu mengambil nama Zaman Pencerahan, atau "Siècle des Lumières".

Antara protagonis utama kita boleh menyebut Voltaire Perancis, Montesquieu dan Fontanelle, yang bagaimanapun mengakui bahawa mereka diilhamkan oleh falsafah Inggeris berdasarkan sebab empirikal dan pengetahuan saintifik, iaitu pada unsur-unsur utama pemikiran Locke, Newton dan Hume.

Pencerahan mendapat bantuan besar daripada salun sastera.

Tradisi budaya ini telah pun wujud di Perancis.

Mengikut tradisi ini, orang ramai bertemu secara berkala di apa yang dipanggil "biro d'esprit".

Pertemuan salun-salon ini dianjurkan oleh ahli-ahli berpengaruh dari kelas menengah atas atau golongan bangsawan, yang pernah menjemput lebih kurang personaliti terkenal untuk berbual dan membahaskan isu-isu semasa. Bilik lukisan Madame Geoffrin terkenal, mengundang selebriti sastera dan falsafah seperti Diderot, Marivaux, Grimm, Helvétius.

Baron d'Holbach bersaing dengan Madame Geoffrincl dengan menganjurkan mesyuarat yang dihadiri oleh watak yang sama, serta Abbé Galiani dan ahli falsafah lain.

Kuah budaya ini dan fakta bahawa pergerakan itu pada asasnya disokong oleh golongan bangsawan atau kelas atasan, marilah kita memahami bagaimana alasan mereka pada dasarnya boleh merebak ke peringkat atasan masyarakat. Idea-idea itu tersebar lebih sedikit di kalangan orang-orang yang akan dibebaskan.

Walau bagaimanapun, jika kita tidak menganggap kedudukan materialistik dan ateistik, seperti fasa terakhir pemikiran Diderot, konsep "Tuhan" terdapat dalam kebanyakan pemikir Pencerahan. Untuk menyelaraskan intuisi semula jadi mereka dengan teori yang mereka isytiharkan, mereka cuba menunjukkan kewujudan Tuhan pada asal-usul alam semesta melalui hujah saintifik. Dalam usaha ini, memandangkan kesempurnaan penciptaan yang mengagumkan, mereka datang untuk mendalilkan kewujudan "geometer kekal". Ia adalah soalan yang Voltaire juga bertanya kepada dirinya sendiri:

> "Apabila saya menyedari perintah itu, kemahiran luar biasa undang-undang mekanikal dan geometri yang mengawal alam semesta, cara yang tidak terhitung dan tujuan semua perkara, saya dirampas dengan kekaguman dan rasa hormat... Saya dengan itu mengakui kecerdasan tertinggi ini tanpa takut bahawa saya pendapat mungkin diubah... Tetapi di manakah geometer abadi ini? Adakah dia wujud di suatu tempat atau di mana-mana, tanpa menduduki ruang? Saya tidak tahu apa-apa tentang dia".

> *"When I evaluate the order and the prodigious ability of the mechanical and geometric laws that govern the universe, I am taken by admiration and respect.*
>
> *I admit this supreme intelligence. I am convinced of his existence and I am not afraid that someone could change my opinion.*
>
> *But where is this eternal surveyor? Does it exist in a specific place or is it spread everywhere? Does it occupy a space or not? I know nothing about this. "*

Malangnya, tiada kesan keraguan ini kekal dalam abad-abad berikutnya, dan dalam panorama saintifik hari ini konsep "Tuhan", walaupun dinyatakan dalam bentuk yang meragukan, telah dipadamkan sepenuhnya. Malah, hari ini, kalangan saintifik, dengan pengecualian yang sangat jarang berlaku, berorientasikan materialisme, mujurlah tanpa kejayaan yang besar.

Malah, hampir semua manusia dari seluruh dunia, malah mereka yang hidup dalam tempoh yang lama di bawah pemerintahan totalitarianisme ateistik, terus percaya bahawa mereka bukanlah mesin atau kumpulan jirim secara rawak. Mereka percaya mereka memiliki, sebagai tambahan kepada badan, juga kerohanian dan jiwa.

Undang-undang fizik klasik tidak boleh dilanggar..

Penafian realiti psikik berasal dari fakta bahawa ini akan mengelakkan undang-undang fizikal di mana alam semesta seperti yang kita ketahui terletak. Bukan sahaja fizik klasik, tetapi juga relativiti tertakluk kepada peraturan yang jelas dan jelas ini.

Pengetahuan tentang undang-undang ini memungkinkan untuk meramalkan pada bila-bila masa bagaimana perkara yang membentuk realiti akan berkelakuan, iaitu benda dan objek, daripada pemetik rokok kita hingga ke galaksi yang paling jauh.

Terdapat kriteria mekanikal yang mengawal alam semesta yang diketahui. Setiap peristiwa bergantung kepada sebab, dan seterusnya menjadi punca yang menyebabkan peristiwa seterusnya. Jasad yang bergerak memukul jasad tak bergerak lain menghasilkan tujahan yang boleh dikira dengan tepat, kerana ia bergantung pada berat dua jasad dan kelajuan badan pertama. Badan kedua, seterusnya, bergerak ke arah yang boleh diramal, sehingga jarak yang sama boleh diramal.

Tambahan pula, segala-galanya memerlukan medium untuk bergerak: seperti kapal bergerak di atas air dan kereta di jalan raya, muzik dan suara merambat melalui udara, dan dibawa oleh gelombang bunyi.

Kita boleh mempertimbangkan tiga undang-undang utama.

Hukum pertama ialah anak panah masa. Masa hanya bergerak ke hadapan, dan sebarang peristiwa tidak boleh mendahului apa yang telah berlaku. Susunan peristiwa ditentukan oleh peredaran masa, yang tidak pernah membenarkan kita untuk kembali, walaupun kadang-kadang kita mahu.

Yang kedua ialah kelajuan. Tiada apa yang boleh bergerak lebih laju daripada kelajuan cahaya, iaitu kira-kira 300,000 km sesaat.

Yang ketiga ialah sebarang daya, termasuk graviti dan kemagnetan, berkurangan kuasa sebagai fungsi jarak. Daya graviti Bumi mempengaruhi Bulan, tetapi pastinya bukan Europa atau Ganymede, satelit Musytari. Malah, ia melakukannya pada tahap yang lebih rendah.

Begitu juga, magnet menarik sekeping besi yang diletakkan pada jarak tertentu: namun, jika kita mengalihkan besi dari magnet, daya tarikan berkurangan sehingga ia berhenti.

Seluruh alam semesta mematuhi undang-undang ini, walaupun dengan beberapa penyelewengan yang diramalkan oleh teori relativiti. Oleh itu, kita dapat memahami kesukaran sains apabila ia gagal membayangkan kemungkinan bahawa sesuatu tidak mematuhi undang-undang ini, seperti persepsi ekstrasensori misalnya.

Firasat tidak boleh wujud kerana seseorang tidak boleh terlebih dahulu mengetahui sesuatu yang akan berlaku kemudian. Dari mana maklumat ini boleh datang? Tiada ruang fizikal yang boleh mengandungi masa depan. Tiada arkib perkara yang akan berlaku pada masa hadapan.

Pemikiran manusia sering dipetik untuk mengatakan bahawa ia pasti bergerak lebih cepat daripada cahaya, boleh meneroka kedua-dua masa lalu dan masa depan dan mencapai mana-mana kawasan alam semesta, atau mana-mana alam semesta lain, dengan intensiti yang sama.

Jawapan sains adalah sangat mudah: pemikiran berdasarkan dalam otak kita dan oleh itu tidak banyak bergerak, tidak meninggalkan ruang otak. Semua perinciannya dilahirkan dan mati dalam beberapa sentimeter padu itu. Dalam pengertian ini, walaupun komunikasi telepati tidak mungkin, kerana tiada pemikiran yang boleh keluar dari satu kepala untuk melayang ke kepala yang lain.

Oleh itu, untuk mengandaikan kewujudan realiti psikik seperti yang diterangkan dalam bahagian pertama buku ini, adalah perlu untuk menemui satu dimensi alam semesta di mana peraturan fizik klasik tidak lagi sah.

Dalam dimensi ini serupa dengan alam bawah sedar kolektif (jika ia pernah wujud) idea Plato boleh wujud dan beroperasi, serta arketaip Jung.

Sehingga tahun 1950, tiada saintis akan mempertaruhkan satu sen pun pada kemungkinan ini. Sebaliknya, dalam beberapa dekad kebelakangan ini, fizik kuantum telah membuat kemajuan besar dengan menyiasat jirim dalam domain yang sangat kecil. Kemungkinan bahawa dimensi psikik eksklusif, serupa dengan alam bawah sedar kolektif, benar-benar wujud telah diramalkan pada awal abad yang lalu dan akhirnya, pada tahun-tahun dari 1980 dan seterusnya, ia telah terbukti secara saintifik. Kita bercakap tentang "keterikatan kuantum".

Kerjasama antara sains dan jiwa manusia.

Salah satu kebetulan yang paling ketara, dalam sinkronisitas hebat yang telah berlaku selama beberapa dekad yang membimbing manusia ke arah konsep yang sama sekali berbeza tentang alam semesta, bukan lagi gumpalan jirim huru-hara yang ditadbir secara kebetulan tetapi satu set jirim dan jiwa yang teratur. dipandu oleh minda Universal, ia pastinya pertemuan antara ahli psikologi dan psikoterapi Switzerland Carl Gustav Jung dan saintis Austria (yang akan menerima hadiah Nobel untuk fizik pada tahun 1945) Wolfgang Pauli.

Kedua-duanya bertemu di Zurich, di mana Jung berlatih sebagai psikoterapi manakala Pauli adalah Profesor Fizik Teori di Institut Teknologi.

Pertemuan itu berlaku pada tahun 1932, selepas Pauli, didesak oleh bapanya yang bimbang akan kesihatannya, meminta Jung untuk temu janji untuk menilai kemungkinan melakukan analisis.

Malah, Pauli telah menggunakan bantuan Jung untuk menyelesaikan beberapa masalah wujud yang berpunca daripada peristiwa di mana dia telah terlibat. Pertama sekali kematian ibu yang berlaku beberapa tahun sebelum ini, dan seterusnya perkahwinan semula bapa dengan seorang wanita yang sebaya dengan Wolfgang. Akhir sekali, perkahwinannya dengan Kathe Deppner, seorang penari kabaret, yang gagal selepas beberapa minggu.

Di luar motivasi untuk pertemuan pertama, hubungan bermula antara dua saintis yang berlangsung selama sekurang-kurangnya dua puluh lima tahun, dan mengakibatkan kebanyakan perdebatan epistolari. Dalam hujah mereka, kedua-duanya pergi ke had bidang pengajian masing-masing, fizik dan psikologi, sekali gus membina jambatan antara dua sains sehingga kini dianggap sama sekali tidak dapat didamaikan.

Mereka tahu bagaimana untuk menggabungkan kreativiti Jung dengan ketegasan disiplin saintifik Pauli, tanpa pernah mencari sebab untuk ketidakfahaman yang tidak dapat diatasi, mahupun hujah untuk melanggar.

Pauli mendekati pemikiran Jung dan berkongsinya dengan serius, mengatasi mentaliti yang berlaku pada masa itu, yang membawa kepada mentakrifkan teori-teori tersebut sebagai "tanpa sebarang pengertian". Dia mengekalkan sikap kritis, tetapi cuba dengan tegas untuk memahaminya.

Sememangnya topik utama dialog antara Jung dan Pauli ialah hubungan antara fizik dan psikologi, iaitu antara jiwa dan jirim. Adalah penting untuk ambil perhatian bahawa Pauli berminat dalam sinkronisitas bukan untuk memuaskan rasa ingin tahu budaya, tetapi kerana dia percaya dia telah terlibat beberapa kali dalam hidupnya dalam episod sinkronistik.

Pada tahun 1952 mereka menerbitkan sebuah buku bersama-sama, The Interpretation of Nature and Psyche (Naturerklarung und Psyche) dari mana pembacaan kedua-dua persetujuan dan perbezaan mereka muncul.

Jung menyumbang kepada kerja itu dengan karyanya bertajuk Synchronicity: an acausal correspondence principle, Pauli sebaliknya menyumbang dengan esei Pengaruh archetypes pada teori saintifik Kepler. Ia mesti dikatakan bahawa Jung telah teragak-agak untuk masa yang lama sebelum menerbitkan ideanya, tetapi Pauli sendiri yang meyakinkannya untuk berbuat demikian.

Secara keseluruhan, Pauli dan Jung bersetuju bahawa jirim dan jiwa harus difahami sebagai aspek pelengkap dari realiti yang sama, dikawal oleh archetypes, difahami sebagai prinsip susunan biasa. Ini sudah tentu membayangkan bahawa arketaip adalah unsur-unsur tahap di luar jirim.

Dalam persekitaran kerjanya Pauli mengkritik hakikat bahawa fizik mengecualikan segala-galanya yang berkaitan dengan kerohanian, perasaan dan emosi manusia. Dia meramalkan bahawa tidak lama lagi hubungan antara dunia luar jirim dan dunia dalaman jiwa tidak boleh diabaikan lagi.

"Keterikatan Kuantum".

Dalam fizik, undang-undang pemuliharaan tenaga adalah salah satu yang paling penting diperhatikan dalam alam semula jadi. Dalam bentuk yang paling dikaji dan intuitif undang-undang ini menyatakan bahawa walaupun tenaga boleh diubah dan ditukar dari satu bentuk ke bentuk yang lain, jumlah keseluruhannya dalam sistem terpencil tidak berubah dari semasa ke semasa.

Dalam bukunya "Feynman's Physics, Vol. I", Richard Feynman, ahli fizik dan pempopular sains Amerika, Hadiah Nobel untuk Fizik pada tahun 1965, bercakap tentang undang-undang pemuliharaan seperti berikut:

> “Terdapat fakta, atau jika anda suka, undang-undang, yang mengawal fenomena alam yang diketahui sehingga kini. Tiada pengecualian kepada undang-undang ini. Setakat yang kita tahu ia betul. Undang-undang itu dipanggil "pemuliharaan tenaga".
>
> Ia adalah idea yang sangat abstrak, kerana ia adalah prinsip matematik.
>
> Undang-undang mengatakan bahawa terdapat magnitud berangka, yang tidak

pernah berubah, tidak kira apa. Undang-undang tidak menerangkan mekanisme, atau sesuatu yang konkrit: ia hanya fakta yang agak pelik. Kita boleh mengira nombor tertentu. Kemudian, apabila kita selesai memerhati alam melakukan transformasinya, dan mengira semula nombor itu, kita dapati bahawa nombor itu tidak berubah...":

"There is a law that governs known natural phenomena. This law has no exceptions, so, as far as we know, it is correct. The law is called "conservation of energy", and it is really a very abstract idea, because it is a mathematical principle.

The law says that there is a numerical magnitude that does not change, whatever happens. His statement does not describe a mechanism, or something concrete. This is a somewhat strange fact. We can calculate a certain number that represents the total energy of the universe. Then we look at things as they change. When we finish looking at the nature that plays its games, and recalculate the number, we find that it has not changed."

Tanpa sebarang keraguan, kita boleh mengambil mudah bahawa tenaga keseluruhan alam semesta, walaupun ia boleh mengambil bentuk yang berbeza, kekal tidak berubah.

Undang-undang ini menimbulkan masalah besar apabila seseorang mula menyiasat tahap subatomik, iaitu tahap yang sangat kecil.

Mari cuba fahami mengapa.

Zarah asas mempunyai "putaran", boleh dikatakan pergerakan putaran. Penggiliran ini juga tertakluk kepada "undang-undang pemuliharaan".

Jadi, jika kita mengambil elektron dengan putaran sifar dan membahagikannya kepada dua bahagian, satu bahagian akan mempunyai putaran +1/2 (separuh positif) dan satu lagi akan mempunyai putaran -1/2, (separuh negatif) supaya jumlahnya adalah sentiasa sifar seperti dalam elektron asal, dan undang-undang pemuliharaan dihormati.

Mari kita anggap bahawa, setelah ini selesai, kita mengambil kedua-dua bahagian dan memindahkannya ke mana-mana jarak yang kita boleh bayangkan. Jelas sekali, di mana sahaja kita memindahkan mereka, putaran mereka tidak akan berubah untuk tidak melanggar undang-undang pemuliharaan.

Tetapi mari kita pergi satu langkah lebih jauh, ambil salah satu daripada dua sisi, katakan satu dengan putaran separuh positif, dan balikkan putarannya supaya ia menjadi separuh negatif.

Apa yang berlaku pada ketika itu? Ia berlaku bahawa bahagian lain, di mana sahaja ia berada, juga secara serentak menyongsangkan keadaannya daripada medium negatif, seperti sedia ada, kepada medium positif. Iaitu, apa yang dipanggil kesan putaran berkorelasi berlaku: dua zarah, berkorelasi kerana ia dilahirkan bersama, kekal bersentuhan antara satu sama lain pada jarak apa sekalipun.

Jika satu berubah, yang lain berubah pada masa yang sama, kerana undang-undang pemuliharaan alam semesta tidak boleh dilanggar, walaupun oleh setengah elektron.

Berkata seperti ini ia mungkin kelihatan sedikit, tetapi jika kita memikirkannya, ini menafikan semua undang-undang fizik yang kita bincangkan sebelum ini.

Kelajuan cahaya, yang tidak boleh dilampaui, sebenarnya ia sangat banyak kerana kedua-dua zarah boleh berada pada mana-mana jarak antara galaksi, walaupun satu bilion tahun cahaya antara satu sama lain, tetapi dengan serta-merta, sememangnya serentak, setiap satu daripada kedua-duanya bertindak balas terhadap perubahan yang lain.

Anak panah masa, mengikut mana satu peristiwa harus mengikuti yang lain sebagai akibatnya, dilanggar. Sebenarnya kedua-dua bahagian itu tidak mengubah putaran mereka mengikut urutan temporal, pertama satu dan kemudian yang lain, tetapi serentak.

Malah konsep kausalitas (setiap peristiwa disebabkan oleh peristiwa lain) tidak lagi sah untuk kesesuaian perubahan itu.

Prinsip ketiga yang tidak dihormati ialah pengecilan medan daya, sebagai fungsi jarak. Kita harus bayangkan kedua-dua pihak berubah dengan lebih cergas apabila mereka lebih rapat, dan dengan semangat yang semakin berkurangan sehingga mereka tidak berubah lagi apabila jarak semakin meningkat. Ini tidak berlaku: "ikatan daya" yang menyatukan kedua-dua zarah kekal mutlak dan malar.

Fenomena ini, iaitu ikatan yang menyatukan dua zarah, mengambil nama saintifik Inggeris "entanglement", perkataan yang boleh diterjemahkan sebagai "jalin, kekeliruan". Ia merujuk kepada sambungan, dengan ciri-ciri rohani yang lebih daripada fizikal, yang ditubuhkan antara dua zarah yang dilahirkan bersama. Agak seperti apa yang berlaku antara kembar.

Akhirnya kita boleh membuat pemerhatian yang mungkin yang paling penting: bagaimana kedua-dua zarah berkomunikasi antara satu sama lain? Adalah jelas bahawa maklumat berkaitan perubahan salah satu daripada dua pihak tidak melalui mana-mana ruang dan tidak disampaikan dengan apa cara sekalipun. Tidak ada masa apabila maklumat tentang perubahan satu pihak masih dalam perjalanan, dan pihak yang satu lagi menunggu untuk menerimanya untuk berubah. Tiada maklumat semasa dalam perjalanan.

Maklumat serentak di sana sini. Secara mudahnya, maklumat itu wujud. Kedua-dua zarah memilikinya, seolah-olah mereka masih satu.

Selepas teori datang demonstrasi eksperimen.

Kebaharuan ini, yang dicadangkan oleh Niels Bohr dan pasukan saintisnya (Sekolah Copenhagen) semasa meletakkan asas fizik kuantum, dari tahun 1927 dan seterusnya, tidak diterima dengan baik dalam dunia saintifik. Khususnya, Albert Einstein mendapati teori ini mustahil. Dia percaya bahawa, tidak dapat dielakkan, penaakulan asas adalah salah dan beberapa bahagian telah hilang, beberapa pembolehubah yang tidak diketahui, untuk mencapai keputusan yang lebih berpegang kepada bukan sahaja kepada fizik klasik, tetapi juga kepada teori relativitinya.

Walau bagaimanapun, Einstein, walaupun yakin dengan hujahnya, terlalu bijak untuk menafikan atau mengejek sesuatu aspek sains sebelum ia dijelaskan dengan pasti. Oleh itu, sambil mengekalkan bahawa terdapat kesilapan dalam teori itu, bersama-sama dengan dua saintis lain, pada tahun 1935, beliau mencadangkan eksperimen terkenal, yang dikenali sebagai eksperimen EPR daripada nama tiga penyokong (Einstein-Podolski-Rosen).

Ia adalah percubaan pemikiran, iaitu, berdasarkan penaakulan dan undang-undang yang diketahui. Percubaan jenis ini, walaupun secara teori, masih meramalkan hasil tertentu. Eksperimen pemikiran masih digunakan hari ini apabila tiada cara teknikal atau ekonomi untuk melaksanakannya secara praktikal. Sememangnya, percubaan EPR menimbulkan keraguan tentang kredibiliti jalinan itu, tetapi ini juga bergantung pada kerumitan prosedur yang boleh dicapai secara praktikal.

Bertahun-tahun kemudian, pada tahun 1964, John Stewart Bell mencadangkan versi ringkas eksperimen ini dalam artikel, menjemput komuniti saintifik untuk melaksanakannya.

Jemputan itu diterima oleh Alain Aspect, seorang ahli fizik eksperimen Perancis yang akhirnya, pada tahun-tahun dari 1980 dan seterusnya, menjalankan eksperimen secara praktikal. Alain Aspect meneruskan dengan mengujakan elektron untuk memaksanya melakukan lompatan kuantum berganda. Dengan cara ini dia memperoleh daripada elektron pelepasan dua zarah asas, dua foton, yang boleh dianggap berkorelasi kerana ia dilahirkan daripada peristiwa yang sama.

Eksperimen Aspect dapat mengesahkan sebenarnya semua ramalan tentang keterikatan: zarah berkelakuan tepat seperti yang diterangkan dalam teori, mengelak daripada semua peraturan ketat fizik klasik. Pada tahun-tahun berikutnya, eksperimen itu diulang dan disahkan berulang kali oleh ramai ulama. Hari ini, makmal tidak lagi mengalami keterjeratan hanya dua zarah, tetapi beribu-ribu atau berjuta-juta zarah.

Dimensi yang melampaui jirim.

Berdasarkan penemuan saintifik semasa, kita boleh mengandaikan bahawa komunikasi pada tahap zarah asas berlaku dengan kaedah yang benar-benar bebas daripada jirim, di mana masa dan ruang tidak menggunakan kuasa mereka. Di sini dua atau lebih zarah yang berkaitan, walaupun dipisahkan oleh jarak tak terhingga, berkelakuan seolah-olah ia adalah satu.

"Ruang" atau tahap di mana ini berlaku ditakrifkan sebagai "bukan tempatan" kerana ia tidak boleh diletakkan di mana-mana. Hari ini sains mewajarkan kewujudan ruang ini, walaupun ia tidak dapat mengukur berat atau dimensinya, mahupun mengeluarkannya di makmal. Oleh itu, konsep pemikiran manusia lain yang merujuk kepada bukan lokaliti yang serupa, seperti alam bawah sedar kolektif atau Jiwa dunia, juga menjadi layak untuk dikaji dan dipertimbangkan.

Jika kemudian seseorang ingin membantah bahawa fenomena ini hanya berlaku antara zarah yang telah dikaitkan antara satu sama lain di dalam makmal, kita boleh ingat bahawa seluruh alam semesta dilahirkan dari makmal besar di mana satu letupan awal yang besar, yang dikenali sebagai Big Bang. . Peristiwa ini menimbulkan semua jirim di alam semesta yang, oleh itu, semuanya berkorelasi dan membentuk satu realiti, Unus mundus Jung dan Pauli.

Apakah peranan yang dimainkan oleh kebetulan dalam hidup saya?

Inilah persoalan yang setiap pembaca, pada ketika ini, boleh rumuskan secara sah sementara menunggu untuk menerima jawapan. Kita tahu bahawa kebetulan yang ketara berlaku, walaupun sehingga kini kita menganggapnya sebagai fakta yang aneh, kadang-kadang misteri, tetapi pada asasnya tidak penting dalam kehidupan seharian kita.

Dalam amalan, kebetulan yang ketara atau, lebih baik, sinkronik, adalah petunjuk yang cuba menjelaskan niat Minda Dunia. Setiap penyegerakan mengandungi mesej untuk kita, berguna untuk membimbing kita dalam pertumbuhan dalaman. Malangnya, bahasa adalah simbolik dan kami berjuang untuk menyesuaikan panjang gelombang yang betul untuk menguraikan kandungannya. Petikan daripada ahli fizik Amerika Joseph Henry boleh membantu kita memahami konsep:

> "Benih-benih setiap penemuan hebat sentiasa ada di udara di sekeliling kita, tetapi ia jatuh dan berakar hanya dalam fikiran yang bersedia."

"The seeds of every great discovery are constantly present in the air that surrounds us, but they fall and take root only in prepared minds."

Kita biasa mengaitkan pelbagai kebetulan dengan peluang, atau nasib apabila ia negatif, atau malah nasib apabila ia positif. Untuk memetik beberapa frasa yang lebih terkenal, Arthur Schopenhauer berkata:

"Nasib mengocok kad dan kami bermain."

"Destiny shuffles the cards and we play."

Sementara Louis Pasteur demikian bercakap tentang nasib:

"Rezeki memihak kepada minda yang bersedia":

"Fortune favors prepared minds"

Kenyataan ini membayangkan bahawa setiap peluang, dicampur dengan dos penyediaan, boleh memastikan bahawa kita dapat membina kehidupan yang lebih baik. Persediaan terdiri daripada mengetahui cara memahami, pada saat yang tepat, tanda-tanda panduan, seperti mengetahui cara membaca papan tanda jalan semasa kita memandu kereta kita. Sinkronisitas ialah petunjuk-tanda, tanda jalan yang secara simbolik menunjukkan arah.

Sukar untuk memahami mesej simbolik yang tipikal bagi dimensi rohani apabila kita sentiasa tenggelam dalam dimensi fizikal.

Lagipun, seperti yang telah disebutkan, penyegerakan terdiri daripada peristiwa yang terputus antara satu sama lain, tanpa perhubungan sebab dan akibat, diedarkan pada ruang dan masa yang tidak berkaitan. Ia menjadi bermakna apabila kita dapat memahaminya, menghubungkannya bersama-sama dengan proses mental yang tidak rasional mengikut kriteria biasa. Memang, kita sering menghubungkan mereka dengan ikatan yang tidak koheren.

Sebagai contoh, kita tidak menganggap bahawa apa yang kita ketahui sebelum ini sepatutnya berlaku kemudian, mengikut logik setiap hari,

Ia adalah pada tahap rohani bahawa makna yang kita sifatkan kepada sinkroni dijana, dan seterusnya tahap semangat kita, kita mesti menyiasat untuk mengetahui mengapa kita mengaitkan makna itu, cuba meneranginya dengan simbol yang kita miliki. Kita mesti menggunakan simbol-simbol seperti yang terdapat dalam jiwa kita, iaitu, dalam kesedaran kita atau dalam ketidaksadaran kita. Mereka adalah simbol archetypal yang telah menampakkan diri dalam bentuk sinkronisitas, tetapi tidak boleh melakukannya dalam bentuk itu jika mereka tidak mula-mula beralih dari alam bawah sedar kolektif ke bawah sedar individu kita. Simbol-simbol yang ditimbulkan oleh sinkronik tidak dapat ditafsirkan, kerana untuk lebih baik atau lebih buruk ia sangat hadir, berakar umbi dan terjalin dalam alam bawah sadar kita.

Bagaimana untuk mentafsir sinkronik.

Kekhususan sinkronik, iaitu watak simboliknya dan hubungan rapat dengan alam bawah sedar individu, bermakna pentafsiran mesej diamanahkan hampir secara eksklusif kepada penerima. Pengecualian adalah ahli terapi profesional yang mampu menyelidiki lapisan dalaman yang tidak dapat diterokai oleh subjek itu sendiri secara objektif.

Dalam kebanyakan kes, tiada siapa yang bermimpi untuk menggunakan psikoterapis untuk dibantu untuk mendedahkan simbolisme mesej segerak, jadi kami boleh memberikan di sini beberapa nasihat umum yang boleh membantu kami.

Yang pertama, jelas sekali, terdiri daripada tidak menganggap kebetulan yang ketara sebagai hasil kebetulan, tetapi sebagai mesej yang datang dari Minda yang unggul yang menyelaraskan keharmonian alam semesta dan ingin membantu kita kekal harmoni, iaitu, penerima manfaat kesejahteraan dalaman.

Yang kedua ialah mempercayai hanya pertimbangan sendiri, yang pastinya paling layak dan paling bermaklumat untuk menghuraikan dalaman seseorang dalam mencari makna simbol. Simbol adalah warisan semua manusia tetapi, pada masa yang sama, ia sejajar dengan ego kita, budaya kita dan cara kita melihat dunia. Kita boleh mengatakan bahawa simbol itu seperti hujung jari: terdapat berbilion-bilion daripadanya, dan pada masa yang sama tidak ada dua yang serupa: setiap satu mempunyai cap jari yang unik dan tidak dapat disangkal.

Nasihat ketiga ialah jangan tergesa-gesa menyifatkan makna. Selalunya kesinkronan terdiri daripada beberapa peristiwa yang tersebar dari semasa ke semasa. Kita perlu mencipta laci rahsia dalam fikiran di mana kita mendepositkan mesej yang tidak kita fahami, dan setiap kali kita menerima yang baharu, kita perlu melaluinya dengan semua mesej yang masih belum diselesaikan. Amalan ini boleh memberikan hasil yang mengejutkan. Jika setiap kebetulan yang ingin tahu menimbulkan kejutan tertentu tetapi kemudian kita menolaknya dengan cepat, kita berisiko mengganggu laluan yang mana ini merupakan langkah penting. Malah, kesinkronisan boleh nyata dalam beberapa hari atau bulan, malah bertahun-tahun, dan setiap kebetulan baharu yang ketara boleh menjadi penyempurnaan daripada yang sebelumnya.

Ingatlah bahawa tempat dari mana sinkronik datang sering dirujuk sebagai "bukan ketempatan", kerana tidak mungkin untuk mengesannya sama ada di angkasa atau dalam masa. Dalam peringkat bukan tempatan ruang dan masa tidak wujud, dan ini dibuktikan secara saintifik oleh fizik kuantum dan oleh penemuan terbaru fenomena yang dipanggil kuantum entanglement.

Sebagai tambahan kepada nasihat ketiga ini, ramai sarjana dan pengarang menganjurkan untuk menyimpan jurnal kebetulan. Dalam diari ini kita juga boleh menulis mimpi yang penting, iaitu mimpi yang paling mempengaruhi jiwa kita.

Mimpi boleh mempunyai nilai "synchronistic" (atau kenabian) apabila peristiwa yang diimpikan benar-benar berlaku, atau apabila kita dapat memahami sesuatu peristiwa dengan menghubungkannya dengan mimpi.

Tiga tahap realiti.

Menurut apa yang telah dijelaskan dalam bab-bab sebelumnya, representasi alam semesta yang sangat berbeza muncul daripada yang telah biasa kita pertimbangkan. Sudah tentu, kita semua terus melihat dunia seperti yang selalu kita lihat, kerana lima deria yang diberikan oleh alam semula jadi kepada kita disesuaikan untuk mengalami dunia ini. Keperluan penting dan keperluan kelangsungan hidup kita bermakna kita boleh melihat, menyentuh, menghidu, mendengar dan merasai realiti dalam dimensi yang sesuai dengan diri kita: sebenarnya, kita tidak dapat meneroka galaksi jauh dengan penglihatan kita, dan kita juga tidak dapat menyiasat kehidupan mikrob . Kami tidak merasakan bau letupan supernova mahupun warna molekul yang membentuk pelbagai badan. Ini adalah fungsi yang melampaui keperluan asas kita, dan hanya dalam hal ini evolusi menjadikan kita sangat mahir.

Kebanyakan frekuensi menghasilkan warna dan bunyi yang tidak dapat dilihat atau didengari oleh kita. Sentuhan dan rasa, walau bagaimanapun halusnya kami menganggapnya, membolehkan kami membezakan dengan jelas hanya julat rasa dan bau yang sempit.

Kita boleh mengatakan bahawa lima deria kita adalah instrumen yang agak kasar dan sangat terhad berbanding dengan variasi tak terhingga yang dihasilkan oleh alam semesta.

Walau bagaimanapun, kita juga mempunyai dua deria lain. Deria keenam ialah intuisi, yang membolehkan kita memproses maklumat yang sangat berguna dalam kehidupan seharian yang mudah, jika tidak dalam kelangsungan hidup sebenar.

Intuisi ialah alat hebat yang memproses pengalaman kita untuk memberi kita nasihat tingkah laku.

Lelaki primitif merasakan keracunan buah beri atau bahaya gigitan serangga. Mereka melakukan ini dengan menilai warna atau bentuk badan mereka.

Daripada pemeriksaan sepintas lalu sesuatu situasi mereka dapat mengira kemungkinan besar atau lebih kecil risiko. Hari ini kita menggunakan gerak hati untuk menilai orang dan peluang, dan selalunya terima kasih kepada gerak hati kita dapat tidak mempercayai mereka yang ingin menipu kita atau mempercayai mereka yang boleh membantu kita. Oleh itu, intuisi membantu kita untuk

membezakan sisi positif dan negatif peluang, dan sering memainkan peranan yang menentukan dalam keputusan kita. Pastinya intuisi adalah alat yang tidak sempurna, tetapi pengalaman membantu kita untuk memperhalusinya.
Sememangnya deria keenam, walaupun berdasarkan pemikiran semata-mata, tidak mempunyai apa-apa yang misteri: maklumat yang kita gunakan untuk merumuskan pertimbangan kita semuanya terkandung dalam ingatan kita dan dalam latar belakang budaya kita. Oleh itu, proses intuitif sepenuhnya dalaman kepada jiwa kita, tetapi ia juga koheren dengan dunia luar materi.

Tahap kuantum dan tahap "bukan tempatan".

Sains semasa memberitahu kita hari ini bahawa, di luar tahap fizikal yang hampir tidak kita lihat, terdapat dua tahap lain.
Yang kedua ialah tahap kuantum, iaitu persekitaran di mana zarah asas bergerak dan beroperasi tanpa sebarang kekangan yang melibatkan tahap makroskopik jirim. Seperti yang

telah kita lihat, zarah membentuk ikatan tanpa had ruang dan masa.

Ciri ini mencadangkan kewujudan tahap ketiga, iaitu tahap bukan ketempatan, yang tidak diperbuat daripada bahan tetapi daripada tenaga dan maklumat.

Ia adalah tahap di mana seluruh alam semesta disambungkan dalam kekusutan yang besar, dan mengandungi semua maklumat, iaitu, semua kecerdasan yang telah matang sejak saat pertama kewujudannya. Maklumat ini juga disokong oleh tenaga tanpa had yang menjadikannya beredar di mana sahaja ia diperlukan.

Deria ketujuh.

Untuk mengakses tahap bukan tempatan, lima deria tidak dapat membantu kita, dan intuisi juga tidak boleh. Kita memerlukan deria ketujuh, yang mesti kita mula kembangkan. Walaupun deria keenam datang untuk menyelamatkan kita dengan memproses maklumat yang telah kita kumpulkan dengan susah payah dengan pengalaman harian kita, deria ketujuh boleh membolehkan kita berhubung dengan deposit yang jauh lebih kaya, semua pengalaman alam semesta. Daripada deposit ini memperoleh firasat, penglihatan masa depan, dan seluruh rangkaian fenomena yang kami panggil extrasensory.

Tahap bukan lokaliti sentiasa diramalkan oleh setiap tamadun, setiap falsafah dan setiap agama dan hari ini kita mempunyai bukti kewujudannya. Kita juga tahu bahawa perisikan mengawasi fungsi bukan setempat. Sesungguhnya, bagaimana ia boleh ditadbir secara kebetulan?

Dari tahap ini kami menerima mesej. Mereka selalunya simbolik dan kita bergelut untuk menguraikannya, tetapi ada kemungkinan bahawa manusia tidak lama lagi akan dapat mewujudkan tahap pemahaman yang lebih tinggi.

Semua orang boleh memanggil tahap ini dengan nama yang mereka suka: Minda Sejagat, Minda Global, Dunia Idea, Minda Alam Semesta, Tidak Sedar Kolektif, Bukan setempat, Tao, Atman, Tuhan, Roh Kudus. Kami tahu bahawa ia wujud, dan kami tahu bahawa bantuan berguna untuk pertumbuhan individu dan untuk pembangunan semua manusia datang dari Badan ini. Kami telah memanggil bantuan ini sebagai "kebetulan yang ketara" atau "sinkronik", tetapi sesiapa sahaja boleh memanggilnya apa yang mereka mahu: inspirasi, nubuatan, wahyu, mukjizat.

Kita mungkin tidak pernah tahu apa yang kita bicarakan, tetapi yang penting ialah, bagaimanapun, semasa dahulu kita merujuk kepada hipotesis samar-samar, hari ini kita bercakap dengan lebih yakin dan pasti tahap yang lebih tinggi, rohani atau psikik, yang benar-benar wujud.

Bibliografia

Acheson David # One thousand eighty-nine and other magic numbers.
Aguirre Anthony # Zen and Multiverses
Allen Steve # Deceptions of logic
Ambesi Alberto # Panteismo
Amir Dan Aczel #Entanglement. The greatest mystery of physics.
Amir Dan Aczel # The Mystery of the Alef
Amir Dan Aczel # The God Equation
Anderl Sybilla # The universe and me. A philosophy of astrophysics
Angier Natalie # The canon of science. Guided tour from the infinitesimal to infinity for enthusiastic beginners...
Anthes Emily # Quick Guide for Brainiacs: The Mind
Armstrong David # What is metaphysics
Asimov Isaac # The Physics Book
Asimov Isaac # In the beginning. The book of genesis interpreted.
Asimov Isaac # The invisible universe
Baker Stephen # The secret power of mathematicians
BakerJoanne # Quantum Physics. 50 great ideas
Barbour Julian # The point of Janus. A new theory of time
Julian Barbour # The End of Time.
Barrow, Tipler # The anthropic principle.
Barrow John David # 1+1 does not (always) do 2
.
Barrow John David # From the Self to the Cosmos
Barrow John David # The numbers of the universe

Barrow John David # The Book of Universes. Complete guide to possible universes
Barrow John David # The mono within the world
Barrow John David # Infinity
Barrow John David # The universe as a work of art
Barrow John David # The Pictures of Science
Barrow John David # The Origins of the Universe
Barrow John David # Why is the world mathematical?
Beitman Bernard # Messages of coincidences.
Bergson Henri # Essay on the immediate data of consciousness
Berkeley George # Philosophical Works
Berti Enrico # History of metaphysics
Bocchi G, Ceruti M. # Origins of stories
Bodanis David # $E=mc^2$. Biography of the equation that changed the world
Bogdanov Igor # Before the Big Bang. The origin of the universe
Bohm - Khrisnamurti # Where time ends
Bohm - Khrisnamurti # The limits of thought
Bȫhm Conrad # The Keys of the Cosmos
Bohm David # Universe Mind Matter
Brockmn John # That's not true but I believe it
Bruno Giordano # Of the infinite universe and worlds
Bryson Bill # A Brief History of (Almost) Everything
Burgin Luc # Errors of science
Cambray Joseph # Synchronicity. Nature and psyche in an interconnected universe.
Campbell, Joseph # Dee. The mysteries of the divine feminine
Campbell, Joseph # The Inner Reaches of the Cosmos. The metaphor in myth and religion
Capra F. Luisi P.L. # Life and nature. A systemic view.
Goat Fritjof # The turning point
Goat Fritjof # The Tao of Physics.
Goat Fritjof # The science of life
Goat Fritjof # Towards a new wisdom
Cattabiani Alfredo # Planetarium
Cederquist John # Coincidences don't exist.
Cesati Cassin Marco # Non siamo qui per caso. Il potere delle coincidenze.
Chandrasekhar Sub. # Truth and beauty. The reasons for aesthetics in science.
Close Frank # Theories of everything

Scatti Monica # Buchi neri evanescenti
Coppens Yves # The construction of prehistory
Couliano Joan # The journeys of the soul
Coustè Alberto # Brief history of the devil
Currivan Jude # The Cosmic Hologram
D'Ancona Vittorino # Greek mythology
Damasio Antonio # Emotion and conscience
Damasio Antonio # Descartes' error. Emotion, reason and the human brain
Dask Mike # Beyond Borders
Davies Paul # How to build a time machine
Davies Paul # God and the new physics
Davies Paul # The last three minutes
Davies Paul # The Mysteries of Time. The universe after Einstein
Davies Paul # The Intelligent Cosmos
Davies Paul # The fleeing universe
Davies Paul # The Mind of God
Davies Paul # Are we alone?
De Santillana Giorgio, Von Dechend Hertha # Hamlet's mill. Essay on myth and the structure of time.
Du Sautou Marcus # The perfect mess
Du Sautou Marcus # The Million Dollar Equation
Du Sautou Marcus # The impossible theories. What are the limits of science?
Dumezil Geoges # Archaic Roman religion
Albert Einstein # Albert Einstein. Relativity and new physics
Einstein Albert # The world as I see it
Einstein Albert # Thoughts, ideas, opinions
Einstein, Infeld # The evolution of physics
Ekelan Ivar # Chaos
Facchini- Magnani # Myths and rites of prehistory
Faggin Federico # Irriducibile, Conscience, life, computers and our nature
Faggin Federico # Silicon
Falletta Nicholas # The Book of Paradoxes
Federrici Vescovini G. # Magico Medioevo
Ferris Timothy # The Adventure of the Universe. From Aristotle to quantum theory and beyond: a never ending story
Albertini Foundation # Prove e indizi dell'aldilà
Andrea Sardos Foundation # Prove e indizi dell'aldilà. Il caso Andrea
Ford Kenneth # The quantum world. Quantum physics

Franks E.M. # Carl Jung's theory of psychological types
Fraser J. T. # Time: an unknown presence
Frazer James # The golden branch
Friedman Richard # Who Wrote the Bible?
Gallippi Angelo # Federico Faggin. Il padre del microprocessore
Gamow George # Gravity
Gamow George # The Adventures of Mr. Tompkins. Daedalus Editions
Gamow George # New World of mr. Tompkins. Zanichelli
Gamow George # Thirty Years That Shocked Physics
Giacomelli Giorgio # Dal quark al big bang
Giuliodori Lucio # Sul concetto di sincronicità: Jung tra psicoanalisi e quantismo
Giuliodori Lucio # Tra fisica e metafisica. Alcune implicazioni
Atlanti Giunti # Geografia generale, astronomia e cartografi
Gleick James # Chaos. The birth of a new science
Goldman Jane #Xfiles. The Book of Incredible Facts
Goswami Amit # Quantum Guide to Enlightenment. Mediterranean Editions
GrazianoMichael # Rethinking conscience
Grecchi Vittorio # The brain field lies
Greek Peter # The origin of the universe
Greene Brian # Until the end of time. Mind, matter and the search for meaning in an ancient universe
Greene Brian # The elegant universe. Superstrings. hidden dimensions and the search for the ultimate theory.
Greene Brian # The Elegant Universe
Greene Brian # The Hidden Reality
Greene Brian # The hidden reality - parallel universes and profound laws of the cosmos. Philosophies of sciences
Greene Brian # The plot of the cosmos. Space, reality.
amazing things happen every day
Harner Michael # The Way of the Shaman
Harrison Edward # The Masks of the Universe
Hawking - Penrose # The nature of space and time
Hawking Heckler # The Grand Design.
Hawking -Mlodinov # From the Big Bang to black holes. Brief history of the universe. Mondadori
Hawking Stephan # Holes nr and newborn universes
Hawking Stephen # The universe in a nutshell. Oscar Saggi Mondadori.

Hawking Stephen # The Great History of Time. Mondadori
Stephen Hawking # The Theory of Everything. Origin and destiny of the universe. Mondadori.
Hawking Stephen # Gazing up at the stars
Heckler Richard # Coincidences
Heidegger, Martin # What is metaphysics?
Heidegger, Martin # The concept of time
Heisenberg Werner # Physics and Philosophy
Hermann Greta # Physics and philosophy
Higfield, Roger # The Science of Henry Potter
Hillman, James # The Soul Code
Huxley Aldous # Brave New World. Back to the new world.
Jaffè Aniela # Dreams, prophecies, apparitions
Jaynes Julian # The Breakdown of the Bicameral Mind and the Origin of Consciousness
Johnson Steven # Where great ideas are born. Natural history of innovation
Joseph Frank # The Power of Coincidences. The meeting point.
Jou David # Rewrite Genesis. In search of the mathematical formula of creation
Jung Carl # Animus and anima
Jung Carl # Experience and mystery
Jung Carl # The Red Book. Liber novus.
Jung Carl # Jung speaks Interviews and meetings
Jung Carl # The analysis of dreams. The archetypes of the unconscious. The synchronicity.
Jung Carl # The ego and the unconscious
Jung Carl # Man and his symbols
Jung Carl # The psychic dimension. Collection of writings.
Jung Carl # Psychology of the unconscious
Jung Carl # Memories and reflections.
Jung Carl # Psychological types
Kaku Michio # The future of humanity
Kaku Michio # Hyperspace
Kaku Michio # The divine equation
Kane Gordon # The Garden of Building Blocks. Longanesi
Karsenti Eric # A Brief History of the Origins of Life. From the cell to the human being, the most beautiful story ever told: ours
Kauffman Stuart # Reinventing the sacred
Krauss Lawrence # The Universe from Nothing
Krauss Lawrence # The Physics of Star Trek

Kumar Manjit # Quantum. From Einstein to Bohr, a new idea of reality.
Kundera Milan # Immortality
Kung Hans # Chinese Christianity and Religiosity.
Lanza R. + Herman # Biocentrism
Lanza Robert # The grand biocentric design
Lanza Robert # Beyond biocentrism
Laszlo Erwin # Science and the Akashic Plan
LaszloErvin # The Immortal Mind
Ledoux Joseph # The emotional brain
Licata Ignazio # Observing the Sphinx. DiRenzo Publisher.
Lindley David # Einstein's moon
Lipton Bruce # The Biology of Belief
Lurker Manfrd # Dictionary of Biblical Pictures and Symbols
Massimini Tononi # Nothing greater
Mavaldi Marco # The two heads of the tyrant. Mathematical methods for freedom
McTaggart Lynne # The secret force of the universe. The zero point field
McTaggart Lynne # The Bond. The quantum link
Mecacci Luciano # Identikit of the brain
Michell John # Astroarchaeology
Mullis Kary # They dance naked in the field of mind
Musso Paolo # Science and the idea of reason. Science, philosophy and religion from Galileo to black holes and beyond.
Muzzio Publisher # Caos. Una scienza per il mondo reale
Nagel Thomas # A very short introduction to philosophy
Neumann Erich # History of the origins of consciousness
Nietzsce # Beyond good and evil
Nietzsche Friedrich # Thus Spoke Zarathustra
New Syntheses # Galileo Newton Einstein
O'Keane Veronica # The Bazaar of Memory. How we build memories and how memories build us
O'Regan J. Kevin # Why colors don't play. A new theory of consciousness
Pauli Wolfgang # Psyche and nature
Pearson Carol S. # The hero within us
Peat David # The Paths of Chance
Peat David # Synchronicity. A union between matter and psyche. Magi Editions

Peiretti Federico # Il matematico si diverte. Duecento giochi e puzzle chc hanno fatto la storia della matematica
Pellegrini Massimo # Fisica quantistica per principianti
Penrose Roger # The Universe is still a secret
Penrose Roger # The Emperor's New Mind
Penrose Roger # The road that leads to reality
Perconti Pietro # Conscience. Philosophical lexicon
Pichot André # The birth of science. Mesopotamia, Egypt, Ancient Greece
Pim van Lommel # Consciousness beyond life
Pinotti-Baccarini # Italia esoterica
Popper Karl # The ego and its brain. Armando Publisher.
Powell Arthur # The astral body and related phenomena
Prattico Franco # From chaos... to conscience
Privitera Agata # MBT The Myers-Briggs theory and the 16 personalities
Proverb Edward # Archaeoastronomy
Radin Dean # Interconnected Minds. Psychic phenomena explained by quantum physics.
Ramorino Felice # Classic mythology illustrated
Randall Lisa # Curved passes. The mysteries of the hidden dimensions of the universe
Ranucci Stefano # Physics of the other world. When consciousness and quantum physics explain the paranormal
Reda Giuseppe # Energy and its forms of existence
Reeves Hubert # Cosmic Evolution
Regge Tullio # Infinity
Renn Jurgen # The evolution of knowledge
Rey Olivier # Itineraries of bewilderment. What if science were a great metaphysical enterprise?
Rezzolla Luciano # The irresistible attraction of gravity. Journey to the discovery of black holes
Robinson Richard # Why does toast always fall buttered side up? The brilliant scientific explanation of Murphy's Laws
Rodriguez Pepe # God was born a woman
Rowan Robinon # The nine numbers of the cosmos. The origin and nature of our universe
Rucker Rudy # The Fourth Dimension. A guided journey into higher order universes
Russel Bertrand # Dictionary of physical and moral logic
Russo Lucio # The forgotten revolution. Greek scientific thought

Russo Michele # Is life a “case” of matter?
Essay Isabella # Age, if any
Sale Musio Carla # Communicating with those who no longer have a body
Sarle John # The Mystery of Conscience
Schoch Robert # The voice of the stones. Lost civilizations
Searle John # The mind
Sheldrake Rupert # The Extended Mind. Hooray.
Sheldrake Rupert # The illusions of science. Hooray.
Siegfried Tom # The Number of Heavens. A story of the multiverse and the quest to understand the cosmos
Sigman Mariano # The Secret Life of the Mind. How our brain works when it thinks, feels, decides
Singer Charles # A Brief History of Scientific Thought
Sissa ISAS laboratories # Chaos and complexity
Smith Michael # Jung and shamanism.
Smolin, Lee # Einstein's Unfinished Revolution. The search for what is there
Sorensen Roy # Philosophical Wonder Room
Sparzani and Panepucci # Jung e Pauli. La corrispondenza originaria:
Stanzani Maserati # Consciousness and meaning
Stapp Henry# Quantum Theory and Free Will. Springer International Publishing.
Stavros Joshua # Shamanism
Stein Murray # The principle of individuation. Towards the development of consciousness
Stenger Victor # Why Science Doesn't Believe in God. Faith's Lost Challenge to Reason
Styer Daniel # Really understanding relativity. Discovering Einstein's theory
Sun-Tzu # The Art of War
Surace Graziano # The Quantum of Challenge
Surprise Kirby # Sincronicità. Comprendere e utilizzare coincidenze significative
Talbot Michael # All is one. Feltrinelli
Teodorani Massimo # Bohm. The physics of infinity.
Teodorani Massimo # Entanglement. The entanglement in the quantum world: from particles to consciousness.
Teodorani Massimo # The great celestial numbers
Teodorani Massimo # The atom and the elementary particles. Macro Editions

Teodorani Massimo # The creative mind. From the physical universe to intelligent life. Macro Editions.
Teodorani Massimo # Telling the universe. Popular introduction to astrophysics
Teodorani Massimo # Synchronicity. The link between physics and psyche. From Pauli to Jung to Chopra.
Teodorani Massimo # Teleportation
Teodorani Massimo # Tesla. A brillant idea
Tesla Nicola # My inventions. The autobiography of a genius
Tesla Nikola # On increasing human energy
Frank Tipler # The physics of immortality. Double day.
Tong Ziya # When you look at the world and you don't see it
Toni Paolo # Mathematical sparks. Games and competitions of creativity and logic
Tononi Edelman # A universe of consciousness
Tononi Giuio # PHI A journey from the brain to the soul
Vaas Rudiger # Hawking. Universe, space, time
Vacca Roberto # You too are a mathematician
Vafa Cumrun # Puzzles to decipher the world
Vassallo Nicola # Philosophies of the sciences
Vidali Paolo # History of the idea of nature. From Greek Thought to Anthropocene Consciousness
Vincenzo Lorenzo # Enlightenment.
Vitebski Piers # Shamans
Von Franz Marie-Louise # Divination and synchronicity. Psychology of significant coincidences
Von Franz Marie-Louise # Fairy tales interpreted
Von Franz Marie-Louise # Psyche and matter
Von Franz Marie-Louise-ok # Psychological typology. The functions of consciousness: thinking and feeling, intuition and sensation
White John # The meeting of science and spirit. Publishing Practices.
Widmann Claudio # Introduction to synchronicity. Magi Editions.
Widmann Claudio # Synchronicities and significant coincidences. Magi Editions.
Wiener Anna # The dark valley
Wigner Eugene # The unreasonable efficacy of mathematics in the natural sciences
Wilber Ken # Quantum Issues
Wilson Edward # Wonderful Harmony
Wolf Fred # Time loops and space twists. How God created the universe. Find out why space, time and matter are closely connected

Wolke Robert # To his barber Einstein told it like this. Daily life and scientific questions
Zeilinger Anton # Einstein's Veil
Zeilinger Anton # The dance of photons
Wandering Dionysus
Zoppi Giorgi0 # Cosmology with six difficulty levels

Selesai mencetak pada Jun 2023

Bruno Del Medico, penulis blog, penulis, penerbit Itali, khusus dalam penyebaran isu-isu yang berkaitan dengan hal ehwal semasa sosial dan sempadan baharu sains. Beliau adalah pengarang banyak teks yang berkaitan dengan pandemik baru-baru ini dan siri khusus mengenai fizik kuantum dan metafizik.

www.ingramcontent.com/pod-product-compliance
Lightning Source LLC
LaVergne TN
LVHW051112051026
849532LV00004BB/1518
* 9 7 9 8 2 2 3 3 2 3 9 3 8 *